游戏设计与开发

C++游戏
编程入门（第4版）

[美] Michael Dawson 著　　李军 译

人民邮电出版社
北京

图书在版编目（CIP）数据

C++游戏编程入门：第4版 ／（美）道森
(Dawson, M.）著；李军译. -- 北京：人民邮电出版社,
2015.8
ISBN 978-7-115-39639-6

Ⅰ. ①C… Ⅱ. ①道… ②李… Ⅲ. ①游戏程序—C语
言－程序设计 Ⅳ. ①TP311.5

中国版本图书馆CIP数据核字(2015)第146379号

版权声明

◆ 著　　　　[美] Michael Dawson
　　译　　　　李　军
　　责任编辑　陈翼康
　　责任印制　张佳莹　焦志炜

◆ 人民邮电出版社出版发行　　北京市丰台区成寿寺路 11 号
　　邮编　100164　　电子邮件　315@ptpress.com.cn
　　网址　http://www.ptpress.com.cn
　　北京七彩京通数码快印有限公司印刷

◆ 开本：800×1000　1/16
　　印张：22　　　　　　　　　　2015 年 8 月第 1 版
　　字数：412 千字　　　　　　 2025 年 4 月北京第 44 次印刷

著作权合同登记号　图字：01-2015-2392 号

定价：69.80 元

读者服务热线：(010)81055410　印装质量热线：(010)81055316
反盗版热线：(010)81055315

内 容 提 要

本书从游戏编程的角度介绍 C++语言，既独具匠心又妙趣横生。

全书共 10 章，每章介绍 C++语言的一个或数个重要的知识领域，同时通过一个游戏示例项目的开发进行实践和讲解。每章的结尾，会在一个游戏项目中将一些最重要的概念组合起来。最后一章的游戏将综合运用本书介绍的概念与技巧，创建一个相对复杂的游戏，涵盖了本书介绍过的所有主要概念。随着学习的深入，读者将学会如何组织编程项目，如何将问题分解为可管理的子问题块，以及如何精炼代码。

本书适合任何想编写游戏的读者，主要针对初学者，并假设读者之前没有任何编程经验。通过阅读本书，并在实验中实践，读者将为掌握 C++这门语言并为游戏编程打下坚实的基础。

前言

好莱坞能带来最好视觉效果、声乐效果以及纯粹的兴奋,顶级的计算机游戏也完全可以与其媲美。但是游戏这种娱乐方式与其他方式不同,它们能让玩家一连好几个小时守在屏幕跟前。能让游戏如此与众不同并且引人入胜的原因在于交互性。在计算机游戏中,我们不是坐下来观看主人公如何与怪物搏斗,而是自己担任主角。实现这种交互性的关键在于编程。编程让外星生物、外星人进攻中队或整支敌人军队在不同情况下对玩家做出不同的反应。编程让游戏的故事情节能够以新的方式展开。实际上,作为编程的结果,游戏可能以编写者想象不到的方式与玩家进行交互。

尽管有数以千计的计算机编程语言,但是 C++是游戏行业的标准语言。如果去您最喜爱的商场的 PC 游戏区逛逛,并随手拿起一款游戏,它很可能主要或完全是用 C++编写的。如果想要更加专业地编写计算机游戏,就必须了解 C++。

本书的目的在于从游戏编程的角度介绍 C++语言。尽管没有哪本书可以让人同时掌握C++与游戏编程这两门高深的主题,但是本书可以作为这两个主题的入门读物。

本书读者对象

本书适合任何想编写游戏的读者,主要针对初学者,并假设读者之前没有任何编程经验。如果您可以熟练使用计算机,则马上可以开始您的游戏编程之旅。虽然本书是写给初学者的,但并不代表学习 C++与游戏编程很简单。您必须阅读本书,并在实验中实践。读完本书,您将为掌握 C++这门游戏编程语言打下坚实的基础。

本书的组织方式

本书从 C++与游戏编程的基础开始,假设读者对两者都没有经验。随着章节的推进,本书将在已学内容的基础上介绍更高级的内容。

本书的每一章介绍一个或几个相关主题。在介绍概念的同时会给出长度较短并且与游戏相关的程序来进行演示。每章的结尾会在一个游戏项目中将一些最重要的概念组合起来。本书最后一章以一个最具雄心的项目来结束,它涵盖了本书介绍过的所有主要概念。

除了介绍 C++与游戏编程之外,本书还介绍如何组织编程工作,如何将问题分解为可管理的子问题块,以及如何精炼代码。您有时会遇到一些困难,但总是可以克服。总体而言，学习过程是充满乐趣的。在学习过程中，您将创建一些很酷的计算机游戏，并理解一些游戏编程的技巧。

第 1 章　类型、变量与标准 I/O：Lost Fortune

本章将介绍游戏行业标准语言 C++的基础知识，以及如何在控制台窗口显示输出、执行算术计算、使用变量以及从键盘获取用户输入。

第 2 章　真值、分支与游戏循环：Guess My Number

通过编程让程序根据某种条件执行、跳转以及重复执行代码块，您将创建一些更加有趣的游戏。本章将介绍如何生成随机数来增加游戏的不可预测性，还将介绍游戏循环——组织游戏不断运行的基本方式。

第 3 章　for 循环、字符串与数组：Word Jumble

本章将介绍序列与字符串（非常适合单词游戏的字符序列），以及软件对象（用于表示游戏中对象的实体，譬如外星飞行器、生命药水甚至玩家自身）。

第 4 章　标准模板库：Hangman

本章将介绍一个功能强大的库（游戏程序员甚至非游戏程序员依赖它来存储对象的集合，譬如玩家物品栏中的物品），还有协助程序员规划更大型游戏程序的技术。

第 5 章　函数：Mad Lib

本章将介绍如何将游戏程序分解为更小的、可管理的代码块。分解方法是使用游戏程序中的基本逻辑单元——函数。

第 6 章　引用：Tic-Tac-Toe

本章将介绍如何在程序的不同部分使用高效与清晰的方式共享信息，一个简单的 AI（人工智能）例子，以及为计算机对手赋予一些人格的方法。

第 7 章　指针：Tic-Tac-Toe 2.0

本章将介绍 C++的一些最底层与最强大的特征，如直接对计算机内存进行寻址与操作的方法。

第 8 章　类：Critter Caretaker

本章将介绍如何创建自定义类型的对象，以及如何通过向对象编程来定义对象之间的交互方式。在学习过程中，您将创建要照顾的自己的动物。

第 9 章　高级类与动态内存：Game Lobby

本章将介绍如何扩展与计算机之间直接的连接，以及按照游戏程序需求获取与释放内存的方法，还有使用"动态"内存的隐患与避免方法。

第 10 章　继承与多态：Blackjack

本章将介绍根据其他对象来定义新对象的方法，随后将所有学过的知识融汇到一个大型游戏中。通过创建经典的赌博游戏 Blackjack，我们将介绍大型项目的设计与实现方法。

本书约定

在本书中，我使用了一些特殊约定，如下所示。

提示

这部分内容给出一些好的建议，帮助您成为更好的游戏程序员。

陷阱

这部分内容指出容易犯错的地方。

技巧

这部分内容给出一些技巧，可以让游戏编程更简单。

现实世界

这部分内容是一些关于游戏编程的真实情况。

本书程序的源代码

本书的所有源代码都可以从异步社区（www.epubit.com）下载到。您可以通过检索本书的 ISBN（978-7-115-39639-6）来获得相关源代码。

关于编译器

现在讨论编译器或许为时过早，但编译器很重要，因为是它们将编写的源代码翻译成计算机可以运行的程序。如果使用的是 Windows 操作系统，建议使用 Microsoft 的 Visual Studio Express 2013 for Windows Desktop，因为它包含了一个现代 C++编译器，并且是免费的。软件安装好之后，请查看本书的附录 A，其中介绍了使用 Visual Studio Express 2013 for Windows Desktop 编译 C++程序的方法。如果您使用其他的编译器或 IDE，请查阅其文档。

致谢

你曾阅读的每本书都延续一个弥天大谎。我要透露出版行业的一个小秘密——一个人是

"完成"不了一本书的。没错，许多书（包括本书）的封面上只有一个名字，但是最终完成著作却要靠一个敬业的团队。其他作者不能独立完成著作，我也同样无法做到。所以，我想感谢所有对本书新版本提供帮助的人。

感谢 Dan Foster，他身兼两职，既是项目编辑，也是文字编辑。Dan 看过本书的多个版本，并且让本书得到了进一步的提升。

感谢技术评审 Joshua Smith，他确保程序能够正确运行。

感谢校对 Kelly Talbot，她让本书从字面上看上去很棒。

还要感谢资深策划编辑 Emi Smith 对我的鼓励。

最后，我要感谢那些创建了伴随我成长的游戏的所有游戏程序员。他们启发我做自己的小游戏，并最终在游戏行业工作。希望我能激励一些读者做同样的事。

作者简介

Michael Dawson 是一名游戏程序作家，也是一名教授学生编写自己游戏的艺术和科学老师。Mike 曾经在 UCLA Extension、Digital Media Academy 和 Los Angeles Film School 开发和教授游戏编程课程。此外，在全球的许多高校中，他的著作都是必读的。

Mike 在游戏行业曾是一名制作人和设计师，也在冒险游戏中充当玩家控制的主要角色 Mike Dawson。在游戏中，玩家指导 Dawson 的数字影像，他必须在外星人胚胎植入自己的大脑之前阻止外星人入侵。

现实生活中，Mike 是 *Beginning C++ Through Game Programming*、*Python Programming for the Absolute Beginner*、*C++ Projects: Programming with Text-Based Games* 和 *Guide to Programming with Python* 的作者。他在南加利福尼亚大学获得计算机科学的学士学位。可以访问他的个人网页 www.programgames.com，来获得关于他的著作的更多支持。

目录

第 **1** 章

类型、变量与标准 I/O：Lost Fortune

游戏编程的要求很高。它要求程序员和硬件将其能力都发挥到极致。但即便是没有做到极致，游戏也能让玩家非常满意。本章将介绍编写一流游戏的标准语言——C++的基础知识。具体而言，本章内容如下：

- 在控制台窗口中显示输出；
- 执行算术运算；
- 使用变量对数据进行存储、操作和检索；
- 获取用户输入；
- 使用常量与枚举类型；
- 使用字符串。

1.1 C++简介

全世界数以百万计的程序员都在使用 C++。它是编写计算机应用程序的最流行的语言之一，而且是编写大预算计算机游戏的最流行的语言。

Bjarne Stroustrup 发明的 C++是 C 语言的直系后代。实际上，C++作为 C 语言的超集，几乎包含它的所有内容。不仅如此，C++还提供了更好的问题解决方式和一些全新的功能。

1.1.1 使用 C++编写游戏

游戏程序员选择 C++的原因各种各样，下面列出其中一些：

- 高速。经过精良编写的 C++程序速度明显要快。C++的设计目标之一就是实现高性能。如果您想从程序中获取更多的性能提升，可以在 C++中使用汇编语言（一种最底层的、人类可读的编程语言）来与计算机硬件直接通信。

- 灵活。C++是一种支持包括面向对象编程在内的不同编程方式的多范型语言。与其他一些现代语言不同，C++并不会强制程序员使用某一特定编程方式。
- 良好的支持。源于 C++在游戏行业的悠久历史，现在有大量资源库可供 C++游戏程序员使用。这些资源包括图形 API、2D、3D、物理以及声音引擎。为了尽可能加快游戏开发的进度，C++程序员可以使用所有这些已有的代码。

1.1.2 生成可执行文件

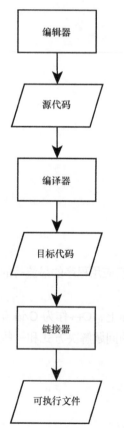

图 1.1 从 C++源代码生成可执行文件

不管某个程序是游戏还是商业应用程序，启动该程序所运行的文件即为可执行文件。从 C++源代码（C++语言指令的集合）生成可执行文件包含以下几个步骤。生成过程如图 1.1 所示。

（1）首先，程序员使用编辑器编写 C++源代码，通常为以.cpp 为扩展名的文件。编辑器就好比程序员的字处理器，它能帮助程序员创建、编辑以及保存源代码。

（2）程序员保存好源文件后，调用 C++编译器——一种读取源代码并将其翻译成目标文件的应用程序。目标文件的扩展名通常为.obj。

（3）接下来，链接器将目标文件链接到任何必要的外部文件，然后生成可执行文件。其扩展名通常为.exe。至此，用户（或玩家）就可以通过启动可执行文件来运行该程序了。

为了让该过程自动化，程序员通常会使用综合性的开发工具——集成开发环境（Integrated Development Environment，IDE）。一个典型的 IDE 集合了编辑器、编译器、链接器以及其他工具。Microsoft 的 Visual Studio Express 2013 for Windows Desktop 是 Windows 下一款比较流行（且免费）的 IDE。在 www.visualstudio.com/down loads/download-visual-studio-vs 上可以找到关于此 IDE 的更多信

息（且能下载到一份副本）。

1.1.3 错误处理

在描述从 C++源代码生成可执行文件的过程时，我们忽略了一个小细节——可能出现的错误。如果人类生来就要犯错，那么程序员是人类中犯错最多的。即使是最优秀的程序员编写的代码在第一次（或者以后的好几次）生成可执行文件的过程中都要产生错误。程序员必须修正所有的错误，然后重新执行整个生成过程。下面是使用 C++编程会遇到的一些基本类型的错误：

- 编译错误。这类错误发生在代码编译阶段，后果是无法生成目标文件。这种错误可能是**语法错误**，意思是编译器无法理解某些代码。语法错误经常是由像输入错误这样的简单错误导致的。编译器还能发出警告。尽管通常情况下不必在意警告，但还是应该将它们当作错误来对待，进行修复并重新编译。

- 链接错误。这类错误发生在链接过程中，并可能提示无法找到程序的某些外部引用。解决办法通常是调整程序中出现问题的引用关系，然后重新编译/链接。

- 运行时错误。这类错误发生在可执行文件的运行过程中。如果程序执行了某些非法操作，那么有可能突然崩溃。但是有一种更难以捉摸的运行时错误（**逻辑错误**）能让程序以出人意料的方式运行。如果您曾经玩过某个游戏，里面的某个角色能在空中行走（而这个角色不应该有能力在空中行走），那么所看到的就是一个逻辑错误。

1.1.4　理解 ISO 标准

C++的 ISO 标准对 C++进行了定义，并准确地描述了其工作方式。它还定义了一组称为标准库的文件，其中包含用于完成一般编程任务（如 I/O，即获取输入和显示输出）的程序块。标准库让程序员的工作变得简单，而且还提供了基础性代码以防止程序员重复编写代码。本书中的所有程序都将使用标准库。

> **提示**
>
> ISO 标准经常称为 ANSI（美国国家标准协会）标准或 ANSI/ISO 标准。不同的名称代表了审核与建立该标准的不同委员会的首字母缩写。遵循 ISO 标准的 C++代码最常见的叫法是标准 C++。

本书使用了 Microsoft 的 Visual Studio Express 2013 for Windows Desktop 来开发程序。它的编译器严格遵循 ISO 标准，所以其他现代编译器也应该能够编译、链接和运行本书的所有程序。然而，如果您正在使用的是 Windows 操作系统，推荐使用 Visual Studio Express 2013 的 Windows 桌面版。

> **提示**
>
> 附录 A 中描述了使用 Microsoft 的 Visual Studio Express 2013 for Windows Desktop 创建、保存、编译和运行 Game Over 程序的详细步骤。如果使用其他编译器或者 IDE，请查阅其文档。

1.2　编写第一个 C++程序

到此为止，我们已经介绍了足够多的理论知识。现在来实践编写第一个 C++程序。麻雀虽小，五脏俱全。该程序同样演示了在控制台窗口中显示文本的方法。

1.2.1　Game Over 程序简介

程序员在学习新语言时，编写的第一个程序便是经典的 Hello World 程序，在屏幕上显示 Hello World。Game Over 程序打破了这个传统，显示的是 Game Over!。该程序的运行结果如图 1.2 所示。

图 1.2　您的第一个 C++程序显示的是计算机游戏中名声最差的两个单词

从异步社区网站上可以下载该程序的代码。程序位于文件夹 Chapter 1 中，文件名为
game_over.cpp。

提示

在异步社区网站上可以搜索本书，下载本书程序的全部源代码。可以使用本书的
ISBN 号 9787115396396 来搜索。

```cpp
// Game Over
// A first C++ program
#include <iostream>
int main()
{
    std::cout << "Game Over!" << std::endl;
    return 0;
}
```

1.2.2　注释

程序的前两行是注释。

```cpp
// Game Over
// A first C++ program
```

注释是给程序员看的，编译器完全忽略。注释可以帮助其他程序员理解程序作者的意图。它也对程序作者本身有帮助。对于程序员曾使用晦涩的代码完成的工作，它能帮助程序员回忆起代码的含义。

注释以两个连续的斜线（//）开始，其后的部分即为注释部分。这意味着我们可以在同一行中某一块 C++代码后面添加注释。

提示

我们还可以使用 C 风格注释，将注释扩展到多行。所要做的只是把注释以/*开头，并以*/结尾。任何处于这两个记号之间的文本都是注释部分。

1.2.3 使用空白字符

程序 Game Over 中注释以下是一个空白行。编译器会忽略空白行。实际上，编译器忽略所有的*空白字符*——空格、制表符和换行符。和注释一样，空白字符只是给程序员看的。

空白字符使用得当可以让程序更加清晰易懂。例如，空白行可以用于分隔属于一起的代码块。该程序的代码也将空白字符（准确地说是制表符）置于花括号中两行的起始位置，作为每一行的开始。

1.2.4 包含其他文件

程序中接下来的一行是预处理器指令。预处理器指令以#符号开头。

```
#include <iostream>
```

预处理器在编译之前运行，并基于各种指令进行文本替换。在本例中，含有#include 指令的这一行代码告诉预处理器将另一个文件的内容包含进来。

程序中包含了作为标准库一部分的 iostream 文件，因为其中有用于显示输出的代码。

文件名两端的小于号（<）和大于号（>）告诉编译器在其自带文件中查找需要的文件。像这样包含在程序中的文件称为头文件。

1.2.5 定义 main()函数

接下来的非空白行是一个名为 main()的函数头。

```
int main()
```

函数是指一组程序代码，它能完成某种任务并返回一个值。在本程序中，int 表示函数将返回一个整型值。所有函数头在函数名后面都有一对圆括号。

所有 C++程序都必须有一个名为 main()的函数作为程序的起始点。程序是从这里开始运行的。

下面一行标记函数的开始。

```
{
```

程序的最后一行标记函数的结束。

```
}
```

所有函数都被一对花括号括起来。花括号里面的代码都属于函数。两个花括号之间的代码称为代码块。代码块通常会缩进显示，表示它形成了一个代码单元。构成整个函数的代码块称为函数体。

1.2.6 通过标准输出显示文本

main()函数体的第一行在控制台窗口显示 Game Over!和一个换行符。

```
std::cout << "Game Over!" << std::endl;
```

"Game Over!"是字符串，即一连串可以打印的字符。从技术上而言，它是一个字符串字面值，即它就是引号中间的那些字符。

cout 是在 iostream 文件中定义的对象，用于向标准输出流发送数据。在大多数程序中（包括本程序），标准输出流仅仅是指计算机屏幕中的控制台窗口。

输出运算符（<<）用于向对象 cout 发送字符串。可以将输出运算符想象成一个漏斗，它将开口一端的数据收集起来并使其流向收口的一端。所以字符串顺着漏斗流向了标准输出——屏幕。

cout 的前缀 std 告诉编译器这里的 cout 来自标准库。std 是名称空间。可以将名称空间想象成电话号码的区号，它唯一标识了成员所属的组。名称空间后面跟着作用域解析运算符（::）。

最后，程序还向标准输出发送了 std::endl。endl 在 iostream 中定义，它也是 std 名称空间中的一个对象。向标准输出发送 endl 类似于在控制台窗口中按下回车键。实际上，如果此时向控制台窗口发送另一个字符串，它将出现在屏幕的下一行。

这些概念可能有些难以理解。请看图 1.3 所示，它以图形方式形象地表示了所有描述过的元素之间的关系。

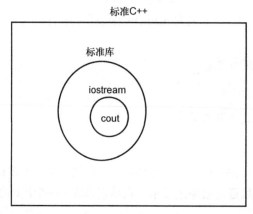

图 1.3　标准 C++的实现包含了一个称为标准库的文件集合，标准库包含了 iostream 文件，
iostream 文件又包含了各种定义，其中包括 cout 对象的定义

1.2.7　语句的终止

如果留意函数的第一行，会发现它以一个分号（;）结尾。这是因为这一行是一条语句——控制程序执行流程的基本单元。所有语句都必须以分号结尾，否则编译器会报错，而且不会编译程序。

1.2.8　从 main()函数返回值

函数的最后一条语句将 0 返回给操作系统。

```
return 0;
```

从 main()函数返回 0 表示程序正常结束。操作系统与返回值无关。一般来说，可以像
该程序一样简单地返回 0。

技巧

在运行 Game Over 程序时，可能只是看见控制台窗口一闪而过。那是因为 C++
太快，它在不到一秒的时间内打开一个控制台窗口，显示 Game Over!，然后关
闭窗口。然而，在 Windows 操作系统下，可以创建批处理文件，在运行控制台
程序后暂停。这可以保持控制台窗口处于打开状态，以便查看程序结果。因为
编译后的程序名为 game_over.exe，所以可以简单地创建由以下两行代码组成的
批处理文件：

```
game_over.exe
pause
```

创建批处理文件的步骤如下：
（1）打开一个文本编辑器，如 Notepad（不能是 Word 或 WordPad）。
（2）输入文本。
（3）把这个文件保存到和 game_over.exe 文件相同的文件夹中。以.bat 扩展名保存
文件，如 game_over.bat。
最后，双击文件图标运行批处理文件。因为批处理文件会使控制台窗口处于打开
状态，这时应当能看到程序结果。

1.3　使用 std 名称空间

因为经常要用到 std 名称空间中的元素，在此介绍两种不同的可以直接使用这些元素
的方法，这样就不必总是使用 std::前缀。

1.3.1　Game Over 2.0 程序简介

Game Over 2.0 程序的运行结果和图 1.2 所示的原始 Game Over 程序一模一样，但是区
别在于访问 std 名称空间中元素的方式。从异步社区网站上可以下载到该程序的代码。程

序位于 Chapter 1 文件夹中，文件名为 game_over2.cpp。

```
// Game Over 2.0
// Demonstrates a using directive
#include <iostream>
using namespace std;
int main()
{
    cout << "Game Over!" << endl;
    return 0;
}
```

1.3.2 使用 using 指令

与 Game Over 程序一样，Game Over 2.0 也以两行注释和用于输出的 iostream 头文件开始。但是接下来，我们看到了一行新的语句：

```
using namespace std;
```

using 指令让我们直接获取 std 名称空间中元素的访问权。如果还是将名称空间比作区号，那么从上面语句开始，所有 std 名称空间中的元素就如同本地电话号码一样。也就是说，无须加上区号（std::前缀）就可以访问它们。

现在我们可以不加任何前缀就使用 cout 和 endl。就目前而言，这似乎无足轻重。但如果要几十甚至上百次地引用这些对象，这就非常有用了。

1.3.3 Game Over 3.0 程序简介

还有另外一种实现 Game Over 2.0 的方法：将文件配置成不必每次显式地使用 std::前缀就可以访问 cout 和 endl。这正是将要在 Game Over 3.0 程序中展示的方法，Game Over 3.0 显示的文本和 Game Over 2.0 一模一样。从异步社区网站可以下载到该程序的代码。程序位于 Chapter 1 文件夹中，文件名为 game_over3.cpp。

```
// Game Over 3.0
// Demonstrates using declarations
#include <iostream>
using std::cout;
```

```
using std::endl;
int main()
{
    cout << "Game Over!" << endl;
    return 0;
}
```

1.3.4 使用 using 声明

3.0 版本的 Game Over 程序使用了两个 using 声明。

```
using std::cout;
using std::endl;
```

通过明确声明希望 std 名称空间中的哪些元素对程序本地化，可以像程序 Game Over 2.0 一样直接访问它们。虽然这样做与使用 using 指令比起来输入量要更多一些，但优势在于清晰地指明了计划使用的名称空间中的元素。另外，这不会将无意使用的元素本地化。

1.3.5 使用 using 的时机

以上介绍了两种使名称空间中的元素本地化的方法。但是哪种方法更好呢？

语言纯粹主义者会说两种方法都不可取，而应该在每次使用这些元素的时候加上前缀作为区别。在我看来，这就如同总是使用全名来称呼您最好的朋友，显得过于正式。

如果您讨厌输入太多字符，可以使用 using 指令。较为折中的方案是使用 using 声明。为了简洁起见，本书大多数时候使用 using 指令。

现实世界

目前已经介绍了几种使用名称空间的方法。同时，也说明了这些方法各自的优势，以便您在自己的程序中决定选择哪种方法。然而，我们也许无法最终使用自己喜欢的方法。在完成某一项目时，不管它是小到课堂级别还是大到专业级别，您都会受到项目负责人制定的编程规范的限制。不管它是否符合您的个人习惯，最好都服从那些给您打分或者支付薪水的人。

1.4 使用算术运算符

不管是清算杀死的敌人数目或是降低玩家的生命值，程序都需要做一些数学运算。C++和其他语言一样有内置算术运算符。

1.4.1 Expensive Calculator 程序简介

大多数比较认真的计算机游戏程序员会在顶级、高性能的游戏平台上投入大量的精力。接下来，Expensive Calculator 这个程序将计算机变成一个简单的计算器。该程序演示了内置算术运算符，程序结果如图 1.4 所示。

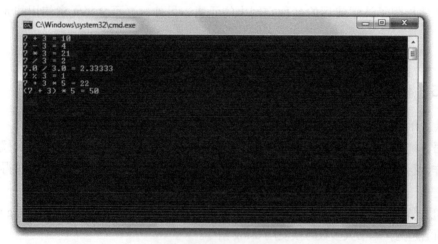

图 1.4　C++可以进行加法、减法、乘法、除法甚至求余运算

可以从异步社区网站上下载到该程序的代码。程序位于 Chapter 1 文件夹中，文件名为 expensive_calculator.cpp。

```cpp
// Expensive Calculator
// Demonstrates built-in arithmetic operators
#include <iostream>
using namespace std;
int main()
```

```
{
    cout << "7 + 3 = " << 7 + 3 << endl;
    cout << "7 - 3 = " << 7 - 3 << endl;
    cout << "7 * 3 = " << 7 * 3 << endl;
    cout << "7 / 3 = " << 7 / 3 << endl;
    cout << "7.0 / 3.0 = " << 7.0 / 3.0 << endl;
    cout << "7 % 3 = " << 7 % 3 << endl;
    cout << "7 + 3 * 5 = " << 7 + 3 * 5 << endl;
    cout << "(7 + 3) * 5 = " << (7 + 3) * 5 << endl;
    return 0;
}
```

1.4.2 加法、减法与乘法

程序使用内置的算术运算符来实现加法（加号，+）、减法（减号，–）和乘法（星号，*）运算。图 1.4 所示结果和预期一致。

每个算术运算符都是表达式的一部分。每个表达式都可以求出单个值。例如，表达式 7+3 求值得到 10，然后发送给 cout 输出。

1.4.3 理解整型与浮点型除法

接下来的一行代码中使用斜线（/）来做除法运算。然而，输出结果可能有点让人出乎意料。根据 C++的实现方式（以及该程序平台），7 除以 3 等于 2。为什么？原因在于，**整型（没有小数部分的数）的算术运算结果总是整型**。因为 7 和 3 都是整型，所以结果也必须是整型，其小数部分被去除。

如果要得到保留小数部分的结果，那么至少需要有一个数是浮点型（带小数部分的数）。

接下来一行代码中表达式 7.0/3.0 的结果便保留了小数部分。这次结果更精确，是 2.33333。

陷阱

您也许注意到 7.0/3.0（2.33333）的结果虽然包含了小数部分，但这个结果仍然是被截短过的（真正的结果在十进制小数点后面有无穷多个 3）。需要了解的是，计算机一般只存储浮点数的有限个数的高位数字。然而，C++提供了不同种类的浮点数以满足最苛刻的要求，甚至可以满足计算密集型的 3D 游戏的要求。

1.4.4　使用模除运算符

接下来的一条语句使用的运算符可能比较陌生——模除运算符（ % ）。模除运算符返回整型除法的余数。在本例中，7%3 结果为 7/3 的余数 1。

1.4.5　运算符的优先级

C++中的算术表达式和代数学中一样从左到右依次求值。但是有些运算符的优先级比较高，无论处于什么位置都将首先求值。乘法、除法和模除运算的优先级相同，都高于加法和减法。

接下来的一行代码演示了优先级的作用。因为乘法的优先级高于加法，所以首先计算乘法的结果。因此，表达式 7+3*5 等于 7+15，结果为 22。

如果需要首先计算较低优先级的运算操作，可以使用括号，它比任何算术运算符的优先级都高。所以在下一条语句中，表达式 （7+3）*5 等于 10*5，结果为 50。

提示

C++运算符一览表及其优先级详见附录 B。

1.5　声明和初始化变量

变量代表了计算机内存的某一部分，该部分被保留下来用于存储、检索和操作数据。

如果需要记录玩家的得分，则可以为它专门创建一个变量。这样一来，就可以读取并显示玩家得分。如果玩家将空中的外星敌人击毙，还可以将得分更新。

1.5.1　Game Stats 程序简介

Game Stats 程序显示在太空射击游戏中需要记录的诸如玩家得分、击毁敌人数目以及玩家防护盾是否开启等信息。该程序使用了一组变量来完成这些任务。程序如图 1.5 所示。

图 1.5 *游戏中每条数据都存储在一个变量中*

从异步社区网站上可以下载到该程序的代码。程序位于 Chapter 1 文件夹中，文件名为 game_stats.cpp。

```cpp
// Game Stats
// Demonstrates declaring and initializing variables
#include <iostream>
using namespace std;
int main()
{
    int score;
    double distance;
    char playAgain;
    bool shieldsUp;
    short lives, aliensKilled;
    score = 0;
    distance = 1200.76;
    playAgain = 'y';
    shieldsUp = true;
    lives = 3;
    aliensKilled = 10;
    double engineTemp = 6572.89;
    cout << "\nscore: "        << score << endl;
    cout << "distance: "       << distance << endl;
    cout << "playAgain: "      << playAgain << endl;
```

```
//skipping shieldsUp since you don't generally print Boolean values
cout << "lives: "          << lives << endl;
cout << "aliensKilled: "<< aliensKilled << endl;
cout << "engineTemp: "      << engineTemp << endl;
int fuel;
cout << "\nHow much fuel? ";
cin >> fuel;
cout << "fuel: " << fuel << endl;
typedef unsigned short int ushort;
ushort bonus = 10;
cout << "\nbonus: " << bonus << endl;
return 0;
}
```

1.5.2　基本类型

每个创建的变量都属于某一**类型**，类型代表了在变量中可以存储的信息的类别。类型告诉编译器需要为变量准备的内存大小，并且定义了能够对变量进行的合法操作。

内置在 C++中的**基本类型**包含了表示布尔值（true 或 false）的 bool 型、表示单个字符的 char 型、表示整数的 int 型、表示单精度浮点数的 float 型以及表示双精度浮点数的 double 型。

1.5.3　类型修饰符

可以使用修饰符对类型进行修改。short 是一个修饰符，它能够缩小变量所能保存值的数目。long 也是一个修饰符，它能够扩大变量所能保存值的数目。short 能够缩小变量的存储空间，而 long 则会扩大。short 和 long 可以修饰 int 型。long 还可以修饰 double 型。

signed 和 unsigned 是只能用于整型的修饰符。signed 表示变量既可以存储正数也可以存储负数，而 unsigned 表示变量只能存储正数。无论 signed 还是 unsigned 都无法改变变量所能保存值的数目，而只能改变取值的范围。整型默认使用 signed 修饰。

是不是对这些类型感到有些迷惑？不用担心。表 1.1 归纳了常用的类型和修饰符，其中还提供了类型各自的取值范围。

表 1.1 常用类型

类 型	取 值 范 围
short int	−32 768 ~ 32 767
unsigned short	0 ~ 65 535
int	−2 147 483 648 ~ 2 147 483 647
unsigned int	0 ~ 4 294 967 295
long int	−2 147 483 648 ~ 2 147 483 647
unsigned long	0 ~ 4 294 967 295
float	3.4E+/−38（7 个有效数字）
double	1.7E+/−308（15 个有效数字）
long double	1.7E+/−308（15 个有效数字）
char	256 个字符
bool	true 或 false

陷阱

表中所列取值范围依据的是本书使用的编译器。您的编译器决定的变量取值范围可能不同，具体请查阅所使用编译器的文档。

技巧

为简洁起见，short int 可以缩写成 short，long int 可以缩写成 long。

1.5.4 变量声明

现在对类型做了初步的介绍，接下来再回到程序。程序所做的第一件事情就是用下面一行代码声明一个变量（请求创建一个变量）：

```
int score;
```

这行代码声明了一个名为 score 的 int 型变量。我们通过变量名来访问这个变量。可以看到，声明一个变量需要指定变量的类型，然后在其后跟上所选择的变量名。因为声明是语句，所以必须以分号结尾。

接下来的 3 行代码声明了 3 种类型的 3 个变量：distance 是 double 型变量，playAgain 是 char 型变量，shieldsUp 是 bool 型变量。

游戏（以及所有大型应用程序）通常需要大量的变量。好在，C++允许在一条语句中

声明同一类型的多个变量, 正如下面一行代码所示:

```
short lives, aliensKilled;
```

这一行声明了两个 short 型变量: lives 和 aliensKilled。

尽管本例在 main() 函数开头部分定义了一些变量, 但并不意味着必须在一个地方定义所有变量。在该程序后面将看到, 我们经常在使用之前才定义某个变量。

1.5.5 变量命名

要声明一个变量, 必须为变量提供一个名称, 也就是变量的 **标识符**。合法的标识符只需要满足以下几个规则:

- 标识符只能包含数字、字母和下画线。
- 标识符不能以数字开头。
- 标识符不能是 C++ 关键字。

关键字 是 C++ 为其本身使用保留的特殊词汇。关键字不多, 详见附录 C。

除了创建合法变量名必须遵循的规则外, 下面给出一些准则来选择好的变量名。

- **选择描述性的名称**。变量名应该让其他程序员容易理解。例如, 使用 score 而不是 s (该规则的一个例外是临时使用的变量。这种情况下, 可以使用单字母变量名, 如 x)。
- **前后一致**。对于多单词变量名的写法, 有两种思想流派。是 high_score 还是 highScore? 本书使用第二种方式, 其中第二个单词 (以及其他单词) 的首字母大写。这就是匈牙利命名法。但是只要保持前后一致, 使用哪种方法并不重要。
- **遵循语言的传统**。有些命名习惯已经成为传统。例如, 大多数语言 (包括 C++) 中, 变量名以小写字母开头。另一个传统是避免变量名的首字符使用下画线。以下画线开始的名称有特殊含义。
- **使用短变量名**。尽管 playerTwoBonusForRoundOne 描述性很强, 但是它让代码很难读。另外, 长变量名会增加录入错误的风险。作为一条准则, 请把变量名限制在 15 个字符以内。然而, 编译器会有一个变量名长度的最终上限。

技巧

自描述的代码使得在不看注释的情况下也很容易理解程序的用途。良好的变量命名是向这样的代码迈出的一大步。

1.5.6 变量的赋值

接下来的一组语句对声明过的 6 个变量进行了赋值操作。下面对几种赋值操作进行详细说明，并讨论它们的变量类型。

1. 整型变量的赋值

下面这条赋值语句把 0 赋给了 score。

```
score = 0;
```

现在，score 存储的是 0。

在变量名之后跟上赋值运算符（=）和一个表达式就可以完成变量的赋值（从技术上来讲，0 也是表达式，它的值是 0）。

2. 浮点型变量的赋值

下面这条语句把 1200.76 赋给了 distance。

```
distance = 1200.76;
```

因为 distance 是 double 类型，所以它用来存储带小数部分的数，正如赋值语句那样。

3. 字符变量的赋值

下面这条语句将单个字符值'y'赋给了 playAgain。

```
playAgain = 'y';
```

正如这行代码所示，可以将用单引号包围的单个字符值赋给 char 型变量。

char 型变量可以分别存储 128 个 ASCII 字符值（假设系统使用 ASCII 字符集）。*ASCII* 的全称是 American Standard Code for Information Interchange，是一种字符编码方式。完整的 ASCII 列表详见附录 D。

4. 布尔型变量的赋值

下面这条语句将 true 赋给了 shieldsUp。

```
shieldsUp = true;
```

在本程序中，它代表玩家的防护盾处于开启状态。

shieldsUp 是 bool 型变量，也就是布尔变量。bool 型变量可以表示 true 或 false。尽管这很有趣，但是第 2 章才会介绍关于这种变量的更多内容。

1.5.7　变量初始化

一条初始化语句可以用来同时完成变量的声明和赋值。下面语句就是如此。

```
double engineTemp = 6572.89;
```

这一行代码声明了一个名为 **engineTemp** 的 **double** 型变量，并将值 **6572.89** 存储其中。正如可以在一条语句中声明多个变量一样，还可以在一条语句中初始化多个变量。甚至在单条语句中声明和初始化不同变量也是允许的。将声明和初始化随意混合使用都可以！

提示

尽管在声明变量时可以不赋值，但只要有可能，最好用一个初始值初始化新的变量。这样可以让代码更加清晰易懂，并且消除了使用未初始化变量带来的风险。未初始化的变量可能是任何值。

1.5.8　显示变量值

要显示基本数据类型变量的值，只需要将变量发送给 cout，如程序余下代码所示。注意，程序没有试图显示 shieldsUp 的值，因为一般不会显示 bool 型值。

技巧

这一部分的第一条语句使用了转义序列，即一对以反斜线（\）开头的字符。转义序列表示特殊的可打印字符。

```
cout << "\nscore: "    << score << endl;
```

这里使用的转义序列是\n，它表示一个换行符。当它作为字符串的一部分发送给 cout 时，就如同在控制台窗口中按下回车键。另外一个有用的转义序列是\t，作用和制表符一样。

还有其他转义序列可供使用。转义序列列表详见附录 E。

1.5.9　获取用户输入

另一种给变量赋值的方式可以通过用户输入来实现。所以接下来，程序基于用户输入对新变量 fuel 赋值，如下面一行代码所示：

```
cin >> fuel;
```

cin 和 cout 一样是 iostream 中定义的对象，且都属于 std 名称空间。在 cin 后面跟上 >>（提取运算符）和变量名可以将值存储在变量中。也可以使用 cin 和提取运算符将用户输入存储在其他基本数据类型的变量中。为了证明一切都正常工作，程序将 fuel 显示给用户。

1.5.10　为类型定义新名称

可以为已有类型定义新的名称。实际上，下面这行代码就是这么做的：

```
typedef unsigned short int ushort;
```

这段代码将标识符 ushort 定义为类型 unsigned short int 的另外一个名称。重命名已有类型的方法如下：在 typedef 后面跟上当前类型，再跟上新名称。typedef 通常用于给比较长的类型名定义较短的新名称。

新类型名的使用和原始类型一样。程序初始化了一个名为 bonus 的 ushort 型变量（其实就是 unsigned short int 型变量），然后显示它的值。

1.5.11　类型的选择

对于基本数据类型，有很多种选择。但如何知道选用哪种类型呢？如果需要整型，最好使用 int。int 占据的内存空间能被计算机最有效地处理。如果需要表示的整数比 int 型最大值还要大或者只表示正数，那么请使用 unsigned int。

如果内存资源较少，可以使用存储空间较小的类型。然而，对于大多数计算机来说，不会出现内存不够的问题（在游戏控制台或移动设备上编程则另当别论）。

最后，如果需要使用浮点数，最好使用 float。float 占据的空间也能被计算机最有效地处理。

1.6　使用变量进行算术运算

一旦有了存储值的变量，我们就希望在游戏的过程中改变它们的值——也许希望通过对击败 Boss 的玩家加分给予奖励，或许又希望降低气阀里的氧气含量。之前介绍的（和一些新的）运算符可以完成这些任务。

1.6.1 Game Stats 2.0 程序简介

Game Stats 2.0 程序对表示游戏统计值的变量进行操作并显示结果。程序运行结果如图 1.6 所示。

图 1.6 使用不同方式更改每个变量

从异步社区网站上可以下载到该程序的代码。程序位于 Chapter 1 文件夹中，文件名为 game_stats2.cpp。

```cpp
// Game Stats 2.0
// Demonstrates arithmetic operations with variables
#include <iostream>
using namespace std;
int main()
{
    unsigned int score = 5000;
    cout << "score: " << score << endl;
    //altering the value of a variable
    score = score + 100;
    cout << "score: " << score << endl;
    //combined assignment operator
    score += 100;
    cout << "score: " << score << endl;
    //increment operators
    int lives = 3;
    ++lives;
```

```
        cout << "lives: "  << lives << endl;
        lives = 3;
        lives++;
        cout << "lives: "  << lives << endl;
        lives = 3;
        int bonus = ++lives * 10;
        cout << "lives, bonus = " << lives << ", " << bonus << endl;
        lives = 3;
        bonus = lives++ * 10;
        cout << "lives, bonus = " << lives << ", " << bonus << endl;
        //integer wrap around
        score = 4294967295;
        cout << "\nscore: " << score << endl;
        ++score;
        cout << "score: " << score << endl;
        return 0;
}
```

陷阱

当编译该程序时，可能得到如[Warning] this decimal constant is unsigned 这样的警告。好在，警告不会阻止程序的编译和运行。该警告是整数溢出的结果。您也许希望在程序中避免整数溢出。然而，本程序有意使用了这种溢出并显示这种情况的结果。1.6.5 节在讨论这段程序时，将介绍关于整数溢出的知识。

1.6.2 修改变量值

在创建一个用于存储玩家分数的变量并显示其值后，程序将 score 的值增加了100。

```
    score = score + 100;
```

这条赋值语句的意思是把 score 的当前值加上 100，然后再把结果赋给 score。其效果是，变量 score 的值增加了100。

1.6.3 使用组合赋值运算符

上面那一行代码有更简短的版本如下：

```
    score += 100;
```

这条语句的结果和 score = score + 100;一样。运算符+=称为**组合赋值运算符**，因为它组合了算术运算（这里是加法）和赋值运算。该运算符的意思是"将右边的全部与左边的全部相加，然后将结果赋给左边"。

前面见过的所有算术运算符都有组合赋值运算符的版本，详见表 1.2。

表 1.2　组合赋值运算符

运 算 符	示 例	等 价 语 句
+ =	x += 5;	x = x + 5;
– =	x–= 5;	x = x–5;
* =	x *= 5;	x = x * 5;
/ =	x /= 5;	x = x / 5;
% =	x %= 5;	x = x % 5;

1.6.4　递增运算符与递减运算符

接下来，程序使用**递增运算符**（++）使变量的值增加 1。使用该运算符将变量 lives 的值增加了两次。第一次如下面一行：

```
++lives;
```

第二次如下面一行：

```
lives++;
```

这两行的最终效果是一样的：将 lives 的值从 3 增加到 4。

正如代码所示，我们可以将运算符置于需要增加的变量之前或之后。如果放在变量之前，运算符称为**前置递增运算符**；如果放在变量之后，则称为**后置递增运算符**。

现在您也许会认为前置和后置版本没有区别，但实际上不是这样。在只需要单个变量进行递增的情况下（如之前的代码），两个运算符的最终结果一样。但是在更加复杂的表达式中，结果可能会不同。

为了演示这种重要的区别，程序在每关游戏结束时进行了一次适当的计算。程序基于玩家的生命数计算奖励，而且会增加玩家的生命数。然而，程序使用了两种不同的方式进行这种计算。第一次使用前置递增运算符。

```
int bonus = ++lives * 10;
```

前置递增运算符会在较大的表达式使用变量之前增加变量的值。++lives*10首先将lives值增加，然后再将增加结果乘以10。因此，代码与4*10的结果40相等。这意味着最后lives的值为4，bonus的值为40。

将lives的值置回3后，程序再次计算了bonus。这次使用的是后置递增运算符。

```
bonus = lives++ * 10;
```

后置递增运算符会在较大的表达式使用变量之后增加变量的值。lives++ * 10的结果是lives的当前值乘以10。因此，代码与3*10的结果30相等。经过本次计算后，lives的值被递增。执行完该行代码后，lives的值是4，bonus的值是30。

C++还定义了递减运算符—— --。它除了对变量进行递减外，其他和递增运算符一样。递减运算符也包含了两种版本（前置和后置）。

1.6.5 整数的溢出处理

当把整数变量的值增加到超过它能表示的最大值时会怎样？结果并不会产生错误，然而，这会"溢出"到类型能表示的最小值。接下来，程序要演示这种现象。首先，给score变量赋上它能存储的最大值：

```
score = 4294967295;
```

然后对变量做递增操作：

```
++score;
```

结果是score变成0。其原因在于值溢出，和汽车的里程表在超过最大值时的情况非常类似（如图1.7所示）。

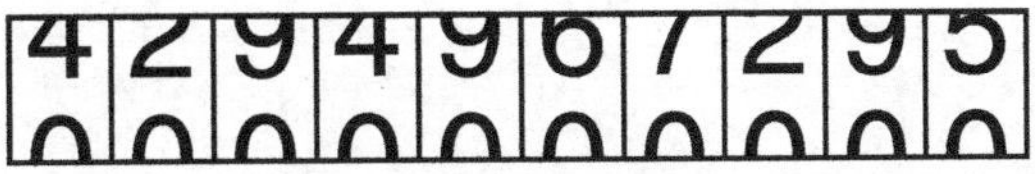

图1.7　想象unsigned int型变量如何从最大值溢出到最小值

对整数变量递减超出它的最小值时会"溢出"到最大值。

提示

保证选取的整型的值范围够用。

1.7　使用常量

常量是经过命名的无法修改的值。如果程序中频繁地使用到不变化的值，常量就很有用。例如，在编写太空射击游戏时，每个在空中击毁的外星人都值 150 分，那么就可以定义一个名为 ALIEN_POINTS 的常量，其值为 150。然后每次需要使用外星人的分数时，就可以使用 ALIEN_POINTS 而不是数字 150。

常量有两大优势。首先，它让程序更加清晰易懂。一眼看到 ALIEN_POINTS，就能知道它的意思。如果查看的代码中有 150，我们也许并不知道它代表的含义。第二，常量让修改变得简单。

例如，在试玩游戏时，决定每个外星人应该值 250 分，有了常量，只需要在程序中改变 ALIEN_POINTS 的初始值。如果没有常量，就不得不找到每处的 150，然后修改成 250。

1.7.1　Game Stats 3.0 程序简介

Game Stats 3.0 程序使用常量表示值。首先，程序计算玩家的得分，然后计算策略游戏中单位升级所需的花费。图 1.8 显示了程序结果。

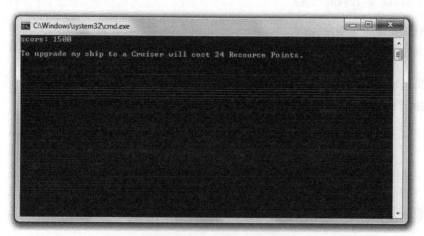

图 1.8　每次计算都使用了常量，可以使代码含义更加清晰易懂

从异步社区上可以下载到该程序的代码。程序位于 Chapter 1 文件夹中，

文件名为 game_stats3.cpp。

```cpp
// Game Stats 3.0
// Demonstrates constants
#include <iostream>
using namespace std;
int main()
{
    const int ALIEN_POINTS = 150;
    int aliensKilled = 10;
    int score = aliensKilled * ALIEN_POINTS;
    cout << "score: " << score << endl;
    enum difficulty {NOVICE, EASY, NORMAL, HARD, UNBEATABLE};
    difficulty myDifficulty = EASY;
    enum shipCost {FIGHTER_COST = 25, BOMBER_COST, CRUISER_COST = 50};
    shipCost myShipCost = BOMBER_COST;
    cout << "\nTo upgrade my ship to a Cruiser will cost "
        << (CRUISER_COST - myShipCost) << " Resource Points.\n";
    return 0;
}
```

1.7.2　使用常量

程序定义了常量 ALIEN_POINTS 来表示外星人的分值。

```cpp
const int ALIEN_POINTS = 150;
```

这里只需要在变量的定义之前加上 const 修饰符。现在可以像使用任何整数一样使用 ALIEN_POINTS。注意，程序使用了大写字母命名常量。这只是惯例，但一般都这么做。全部大写的标识符告诉程序员它代表了一个常量。

下面一行代码使用了常量：

```cpp
int score = aliensKilled * ALIEN_POINTS;
```

杀死的外星人数目与每个外星人的分值相乘得到玩家的得分。常量的使用让这行代码的含义显得很清晰。

陷阱

不能对常量赋新值。如果试图这么做，会生成编译错误。

1.7.3　使用枚举类型

枚举类型是 unsigned int 型常量的集合，其中的常量称为枚举数。通常情况下，这些枚举数是相关的，并且有特定顺序。这里给出一个枚举类型的例子：

```
enum difficulty {NOVICE, EASY, NORMAL, HARD, UNBEATABLE};
```

这里定义了一个枚举类型 difficulty。默认情况下，枚举数的值从 0 开始，每次加 1。所以 NOVICE 等于 0，EASY 等于 1，NORMAL 等于 2，HARD 等于 3，UNBEATABLE 等于 4。如果要定义自己的枚举类型，只要在关键词 enum 后面加上标识符，然后加上用花括号括起来的枚举数列表。

下面定义了枚举类型的变量：

```
difficulty myDifficulty = EASY;
```

变量 myDifficulty 被置为 EASY（等于 1）。myDifficulty 是 difficulty 类型的变量，因此它能够存储枚举类型中定义的值。也就是说，只能用 NOVICE、EASY、NORMAL、HARD、UNBEATABLE、0、1、2、3 或 4 这些值对 myDifficulty 赋值。

下面定义了另外一种枚举类型：

```
enum shipCost {FIGHTER_COST = 25, BOMBER_COST, CRUISER_COST = 50};
```

本行代码定义了 shipCost 这一枚举类型，用来表示在策略游戏中建造这些飞船花费的资源点。在代码中，某些枚举数被赋予了特定的整数值。这些值表示每种船只的资源点。如果需要，可以对枚举数赋值。没有赋值的枚举数的取值为前一个枚举数的值加 1。由于代码没有对 BOMBER_COST 赋值，因此它被初始化为 26。

下面定义了这种新枚举类型的一个变量：

```
shipCost myShipCost = BOMBER_COST;
```

还可以对枚举数进行算术计算：

```
(CRUISER_COST - myShipCost)
```

这一小段代码计算从 Bomber 升级到 Cruiser 所需的花费，与 50–26 相等，结果为 24。

1.8 Lost Fortune 简介

本章最后一个项目 Lost Fortune 是一个拟人化的探险游戏。在游戏中，玩家输入一些信息，计算机把这些信息扩展成一个探险故事。程序的运行示例如图 1.9 所示。

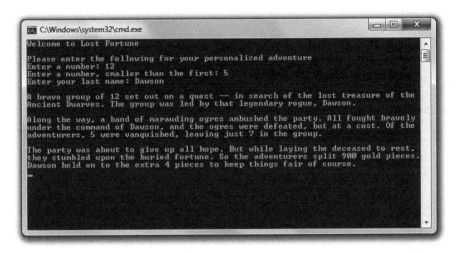

图 1.9　故事由玩家提供的细节构成

　　这里不一次展示全部代码，而是每次给出一部分。从异步社区网站上可以下载到该程序的代码。程序位于 Chapter 1 文件夹中，文件名为 lost_fortune.cpp。

1.8.1　创建程序

　　首先是一些初始注释、两个必要的头文件和一些 using 指令。

```
// Lost Fortune
// A personalized adventure
#include <iostream>
#include <string>
using std::cout;
using std::cin;
using std::endl;
using std::string;
```

　　程序包含 string 文件，它是标准库的一部分。因此，通过变量，程序可以用 string 对象来存取字符串。关于 string 对象的内容很多，但这里不准备介绍。第 3 章将介绍更多关于 string 对象的知识。

　　同样，程序使用 using 指令明确指出准备使用的 std 名称空间中的对象。因此，我们能清楚地看到 string 属于 std 名称空间。

1.8.2　从玩家获取信息

接下来程序从玩家获取一些信息。

```
int main()
{
    const int GOLD_PIECES = 900;
    int adventurers, killed, survivors;
    string leader;
    //get the information
    cout << "Welcome to Lost Fortune\n\n";
    cout << "Please enter the following for your personalized adventure\n";
    cout << "Enter a number: ";
    cin >> adventurers;
    cout << "Enter a number, smaller than the first: ";
    cin >> killed;
    survivors = adventurers - killed;
    cout << "Enter your last name: ";
    cin >> leader;
```

GOLD_PIECES 是常量，用于存储探险家要寻找的宝藏中金块的数目。adventurers 用于存储探险家的总数目。killed 用于存储在旅途中死亡的探险家数目。程序计算出幸存的探险家数目并存储在 survivors 中。最后，程序还要获取玩家名字，存储在 leader 中。

陷阱

简单地使用 cin 从用户获取字符串的方法只适用于字符串不包含空白字符（如制表符或空格）的情况。有方法可以弥补这一点，但这会涉及流的概念，超出了本章的讨论范围。因此，还是像这样使用 cin，但要注意它的限制。

1.8.3　讲故事

接下来程序用变量来讲故事。

```
    //tell the story
    cout << "\nA brave group of " << adventurers << " set out on a quest ";
    cout << "-- in search of the lost treasure of the Ancient Dwarves. ";
    cout << "The group was led by that legendary rogue, " << leader << ".\n";
```

```
    cout << "\nAlong the way, a band of marauding ogres ambushed the party. ";
    cout << "All fought bravely under the command of " << leader;
    cout << ", and the ogres were defeated, but at a cost. ";
    cout << "Of the adventurers, " << killed << " were vanquished, ";

    cout << "leaving just " << survivors << " in the group.\n";
    cout << "\nThe party was about to give up all hope. ";
    cout << "But while laying the deceased to rest, ";
    cout << "they stumbled upon the buried fortune. ";
    cout << "So the adventurers split " << GOLD_PIECES << " gold pieces.";
    cout << leader << " held on to the extra " << (GOLD_PIECES % survivors);
    cout << " pieces to keep things fair of course.\n";

    return 0;
}
```

程序的代码和惊险的叙述都非常清晰。然而要指出的是，为了计算探险队队长持有的金块数目，程序在表达 GOLD_PIECES % survivors 中使用了模除运算符。该表达式计算 GOLD_PIECES / survivors 的余数，也就是将幸存的探险家私藏的金块平分后剩下的金块数目。

1.9　本章小结

本章介绍了以下概念：

- C++是编写一流游戏的主要编程语言。
- C++程序由一系列的 C++语句组成。
- C++程序的基本生命周期包括构思、设计、源代码、目标文件和可执行文件。
- 编程错误包括 3 类：编译错误、链接错误和运行时错误。
- 函数是一组能完成某些任务并返回一个值的一组程序语句。
- 每个程序都必须包含 main()函数，它是程序的运行起始点。
- #include 指令告诉预处理器在当前文件中包含另一个文件。
- 标准库是一些文件的集合。程序文件可以包含这些文件来实现像输入和输出这样的基本功能。
- 作为标准库文件一部分的 iostream 文件包含了用于标准输入和标准输出的代码。
- std 名称空间包含来自标准库的元素。要使用该名称空间中的元素，必须在元素之前使用前缀 std:: 或使用 using 指令。

- cout 是文件 iostream 中定义的对象，用于向标准输出流（通常指计算机屏幕）发送数据。
- cin 是文件 iostream 中定义的对象，用于从标准输入流（通常指键盘）获取数据。
- C++ 内置了算术运算符，如比较常用的加法、减法、乘法和除法，甚至不太常用的模除运算。
- C++ 为布尔值、单字符、整值和浮点值定义了基本数据类型。
- C++ 标准库为字符串提供了一种对象类型（string）。
- typedef 可以给已有类型重命名。
- 常量是不变值的名称。
- 枚举类型是一个 unsigned int 型常量的序列。

1.10 问与答

问：游戏公司为何使用 C++？

答：C++ 在集合高速、底层硬件存取和高层构建这些方面比其他任何语言都要好。另外，大多数游戏公司在 C++ 资源（可重用代码和程序员经验）上都有很大的投入。

问：C++ 与 C 语言相比有什么不同？

答：C++ 是下一代 C 编程语言。为让程序员接受自己，C++ 本质上保留了 C 语言的全部。然而，C++ 定义了可以取代某些传统 C 机制的新方法。另外，C++ 增加了编写面向对象程序的功能。

问：C++ 与 C# 语言相比有什么不同？

答：C# 是 Microsoft 为了简单和通用而创建的一种编程语言。C# 受到了 C++ 的影响，并且和 C++ 具有很大的相似性，但是它们是彼此独立并且有区别的两种语言。

问：应当如何使用注释？

答：在需要解释不常用或晦涩的代码的时候可以使用注释。不应对显而易见的代码做注释。

问：什么是代码块？

答：由花括号括起来的一条或多条语句形成的一个单元。

问：什么是编译器警告？

答：编译器在声明一个潜在问题时给出的消息。警告不会中断编译过程。

问：可以忽略编译器警告吗？

答：可以，但是不应当忽略。应当处理这些警告并修正这些违规的代码。

问：什么是空白字符？

答：一组不显示的字符，它们在源文件中形成空格，包括制表符、空格和换行符。

问：什么是字面值？

答：表示明确的值的元素。"Game Over! "是字符串字面值，而 32 和 98.6 是数字字面值。

问：为什么总是应该尝试初始化新的变量？

答：因为未初始化的变量可能是任意值，甚至是对程序毫无意义的值。

问：bool 型变量的作用是什么？

答：它们能表示条件的真或假。例如，箱子是否锁上，或者游戏卡是否正面朝上。

问：bool 型名称源自哪里？

答：该类型的名称是为了纪念英国数学家 George Boole。

问：常量必须以大写字母命名吗？

答：不是。使用大写字母只是被大家接受的惯例，但也是应该遵循的惯例，因为这是其他程序员所期望的。

问：怎样使用单一变量存储多个字符？

答：使用 string 对象。

1.11 问题讨论

1. 被广泛采用的 C++标准是如何帮助游戏编程人员的？

2. 使用 using 指令的优点和缺点是什么？

3. 为什么要为已有类型定义新的名称？

4. 为什么有两种版本的递增运算符？它们的区别是什么？

5. 如何使用常量来改进程序代码？

1.12 习题

1. 创建 6 个合法的变量名，3 个良好命名的和 3 个不是良好命名的。解释它们为什么良好与不良好？

2. 下面每行代码的显示结果是什么？给出解释。

```
cout << "Seven divided by three is " << 7 / 3 << endl;
cout << "Seven divided by three is " << 7.0 / 3 << endl;
cout << "Seven divided by three is " << 7.0 / 3.0 << endl;
```

3. 编写一个程序，它从用户获取 3 个游戏得分，并显示其平均值。

第2章
真值、分支与游戏循环：
Guess My Number

到目前为止，本书给出的程序都是线性的，它们自顶向下地顺序执行每条语句。然而，要创作有趣的游戏，必须让程序基于某些条件执行（或跳过）部分代码。这是本章讨论的主要话题。具体而言，本章内容如下：

- 理解真值（C++中如此定义）；
- 使用 if 语句执行分支代码；
- 使用 switch 语句选择性地执行部分代码；
- 使用 while 和 do 循环重复执行代码；
- 生成随机数。

2.1 理解真值

仅就 C++而言，真值是指黑与白。可以使用关键字 true 或 false 来表示真或假。如第 1 章所示，bool 型变量可以存储这种布尔值。快速复习一下：

```
bool fact = true, fiction = false;
```

这行代码创建了两个 bool 型变量，fact 和 fiction。fact 值为 true，fiction 值为 false。尽管有关键字 true 和 false 已经很方便，但任何表达式或值都能够解释成 true 或 false。任何非零值都解释成 true，而 0 则解释成 false。

一般来说，解释成 true 或 false 的表达式都涉及比较操作。

比较操作经常使用内置的关系运算符完成。表 2.1 列出了这些运算符和相关例子。

表 2.1　关系运算符

运　算　符	意　义	示例表达式	结　果
==	等于	5==5 5==8	true false
!=	不等于	5!=8 5!=5	true false
>	大于	8>5 5>8	true false
<	小于	5<8 8<5	true false
>=	大于等于	8>=5 5>=8	true false
<=	小于等于	5<=8 8<=5	true false

2.2　使用 if 语句

现在将真和假的概念用于实践。if 语句用来验证表达式真假，如果为真则执行某些代码。下面给出 if 语句的简单形式：

```
if (expression)
    statement;
```

如果 *expression* 的值为 *true*，则执行 *statement*，否则程序跳过 *statement*，并转到 if 组合之后的语句。

提示

只要看到像上面代码中一样的一般形式的 *statement*，就可以用单个语句或一个语句组成的代码块来代替它，因为代码块被看作单个单元。

2.2.1　Score Rater 程序简介

程序 Score Rater 使用 if 语句对玩家的分数做出评价。图 2.1 演示了正在运行的程序。

从异步社区网站上可以下载到本程序的代码。程序位于 Chapter 2 文件夹中，文件名为 score_rater.cpp。

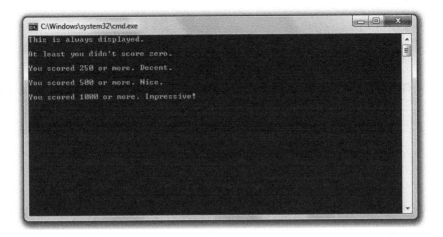

图 2.1　基于不同的 if 语句显示（或不显示）消息

```cpp
// Score Rater
// Demonstrates the if statement

#include <iostream>
using namespace std;

int main()
{
    if (true)
    {
        cout << "This is always displayed.\n\n";
    }
    if (false)
    {
        cout << "This is never displayed.\n\n";
    }
    int score = 1000;
    if (score)
    {
        cout << "At least you didn't score zero.\n\n";
    }
    if (score >= 250)
    {
        cout << "You scored 250 or more. Decent.\n\n";
    }
    if (score >= 500)
    {
        cout << "You scored 500 or more. Nice.\n\n";
        if (score >= 1000)
        {
            cout << "You scored 1000 or more. Impressive!\n";
        }
    }
```

```
    return 0;
}
```

2.2.2　验证真与假

第一个 if 语句验证为 true。因为 true 的值总为真，所以程序显示了消息 This is always displayed.。

```
if (true)
{
    cout << "This is always displayed.\n\n";
}
```

第二个 if 语句验证为 false。因为 false 的值不为真，所以程序不显示消息 This is never displayed.。

```
if (false)
{
    cout << "This is never displayed.\n\n";
}
```

陷阱

注意在 if 语句中验证的表达式的括号后面没有分号。如果加上分号，会形成一个与 if 语句成对的一个空语句，使 if 语句无效。如下例所示：

```
if (false);
{
    cout << "This is never displayed.\n\n";
}
```

（false）后面的分号形成了与 if 语句关联的空语句。上面的代码等同于：

```
if (false)
    ; // an empty statement, which does nothing
{
    cout << "This is never displayed.\n\n";
}
```

这里用空白字符作为空语句，它不会改变代码的意义。现在问题应该很清晰。if 语句检测到 false 值，跳过下一条语句（空语句），然后代码顺利地运行到 if 后面的语句，显示 This is never displayed.。

要谨防这种错误。这是很容易犯的错误，而且因为它并不是非法的，因此不会产生编译错误。

2.2.3 值的真与假

任意值都可以解释成 true 或 false。任意非零值都解释成 true，而 0 则解释成 false。下面的 if 语句验证了这一点：

```
if (score)
{
    cout << "At least you didn't score zero.\n\n";
}
```

score 的值为 1000，因此它不等于 0，被解释成 true。结果显示消息 At least you didn't score zero.。

2.2.4 使用关系运算符

在 if 语句中使用的最常见的表达式很有可能是用关系运算符比较值。这是接下来将要演示的。程序验证 score 是否大于等于 250：

```
if (score >= 250)
{
    cout << "You scored 250 or more. Decent.\n\n";
}
```

因为 score 值为 1000，所以执行 if 语句的代码块，显示消息说玩家得分还算可以。如果 score 小于 250，程序将跳过代码块，继续执行后面的语句。

陷阱

等于关系运算符是==（连续两个等于号），不要与赋值运算符=（一个等于号）混淆。虽然不使用关系运算符而使用赋值运算符并不是非法的，但结果可能出乎意料。看看这段代码：

```
int score = 500;
if (score = 1000)
{
        cout << " You scored 1000 or more. Impressive!\n";
}
```

这段代码会将 score 赋值为 1000，并显示消息 You scored 1000 or more. Impressive!。事实是这样：尽管在 if 语句之前 score 值为 500，但后来它的值发生了变化。当计

算 if 语句的表达式（score = 1000）时，score 被赋值为 1000。该赋值语句的值为 1000，是非零值，所以表达式解释成 true，结果就显示了字符串。

要谨防这种错误。这是很容易犯的错误，而且在一些情况下（像以上情况）不会导致编译错误。

2.2.5　if 语句的嵌套

if 可以让程序执行一条语句或一个包含多条语句的代码块。这个代码块可以包含其他 if 语句。if 语句中包含另一个 if 语句称为嵌套。在下面代码中，以 if (score >= 1000) 开头的 if 语句嵌套在以 if (score >= 500) 开头的 if 语句中。

```
if (score >= 500)
{
    cout << "You scored 500 or more. Nice.\n\n";
    if (score >= 1000)
    {
        cout << "You scored 1000 or more. Impressive!\n";
    }
}
```

因为 score 比 500 大，所以程序进入语句块，并显示消息 You scored 500 or more. Nice.。然后在内部的 if 语句中，程序比较 score 与 1000。因为 score 大于等于 1000，程序显示消息 You scored 1000 or more. Impressive!

提示

if 语句可以任意多层地进行嵌套。然而，如果嵌套得太深，代码将很难读懂，一般来说，我们将嵌套限制在几层以内。

2.3　使用 else 子句

在 if 语句中加入 else 子句可以引入只有当被验证的表达式为 false 时才执行的代码。下面给出包含 else 子句的 if 语句的形式：

```
if (expression)
    statement1;
else
    statement2;
```

如果 *expression* 为 true，执行 *statement1*，然后程序跳过 *statement2*，并执行 if 组合后面的语句。如果为 false，跳过 *statement1*，并执行 *statement2*。当执行 *statement2* 后，程序执行 if 组合后面的语句。

2.3.1　Score Rater 2.0 程序简介

Score Rater 2.0 程序同样用来评估用户输入的分数。但这次程序使用带 else 子句的 if 语句。图 2.2 和图 2.3 展示了基于用户输入的分数，程序显示的不同消息。

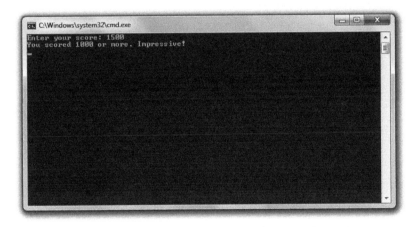

图 2.2　如果用户输入的分数大于等于 1000，则祝贺他

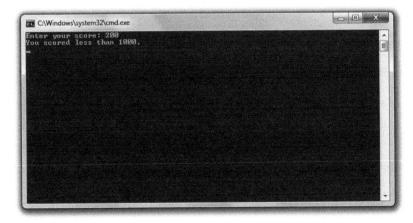

图 2.3　如果用户输入的分数低于 1000，则没有祝贺

从异步社区网站上可以下载到该程序的代码。程序位于 Chapter 2 文件夹中，文件名为 score_rater2.cpp。

```cpp
// Score Rater 2.0
// Demonstrates an else clause

#include <iostream>
using namespace std;
int main()
{
    int score;
    cout << "Enter your score: ";
    cin >> score;
    if (score >= 1000)
    {
        cout << "You scored 1000 or more. Impressive!\n";
    }
    else
    {
        cout << "You scored less than 1000.\n";
    }
    return 0;
}
```

2.3.2　两种创建分支的方法

我们已经看到 if 语句的第一部分，它的工作方式和以往一样。如果 score 大于或等于 1000，则显示消息 You scored 1000 or more. Impressive!。

```cpp
if (score >= 1000)
{
    cout << "You scored 1000 or more. Impressive!\n";
}
```

下面是一个转折。如果表达式为 false，则 else 子句提供了让程序分支运行的语句。因此，if (score >= 1000) 的结果为 false，程序跳过第一条消息而显示 You scored less than 1000.。

```cpp
else
{
    cout << "You scored less than 1000.\n";
}
```

2.4 使用带 else 子句的 if 语句序列

我们可以将带 else 子句的 if 语句连接起来，创建循序验证的表达式序列。第一个与验证为真的表达式关联的语句将被执行；否则，程序执行与最后的（可选）else 子句关联的语句。下面给出这样一个序列的形式：

```
if (expression1)
    statement1;
else if (expression2)
    statement2;

...
else if (expressionN)
    statementN;
else
    statementN+1;
```

如果 *expression1* 为 true，则执行 *statement1*，且跳过序列中的余下代码。否则，验证 *expression2*，如果为 true，则执行且跳过序列中的余下代码。计算机继续按顺序检查每个表达式（直到 *expressionN*），且会执行与第一个真值表达式关联的语句。如果表达式都为假，那么将执行与最后的 else 子句关联的语句 *statementN+1*。

2.4.1 Score Rater 3.0 程序简介

Score Rater 3.0 程序同样评估用户输入的分数。但这次程序使用了带 else 子句的 if 语句序列。图 2.4 展示了程序运行结果。

从异步社区网站上可以下载到该程序的代码。程序位于 **Chapter 2** 文件夹中，文件名为 score_rater3.cpp。

```
// Score Rater 3.0
// Demonstrates if else-if else suite
#include <iostream>
using namespace std;
int main()
```

```
{
    int score;
    cout << "Enter your score: ";
    cin >> score;
    if (score >= 1000)
    {
        cout << "You scored 1000 or more. Impressive!\n";
    }
    else if (score >= 500)
    {
        cout << "You scored 500 or more. Nice.\n";
    }
    else if (score >= 250)
    {
        cout << "You scored 250 or more. Decent.\n";
    }
    else
    {
        cout << "You scored less than 250. Nothing to brag about.\n";
    }
    return 0;
}
```

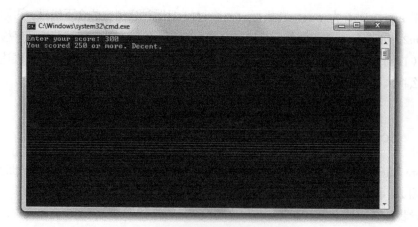

图 2.4　根据用户的分数，显示多条消息中的某一条

2.4.2　创建带 else 子句的 if 语句序列

我们已经两次见过该序列的开头部分，这次它的工作方式还是一样。如果 **score** 大于

等于 1000，则显示消息 You scored 1000 or more. Impressive!，然后程序跳转到 return 语句。

```
if (score >= 1000)
```

然而，如果该表达式为 false，那么可以肯定 score 小于 1000，程序计算序列的下一个表达式：

```
else if (score >= 500)
```

如果 score 大于等于 500，则显示消息 You scored 500 or more. Nice!，然后程序跳转到 return 语句。然而，如果该表达式为 false，那么可以肯定 score 小于 500，程序计算序列的下一个表达式：

```
else if (score >= 250)
```

如果 score 大于等于 250，则显示消息 You scored 250 or more. Decent.，然后程序跳转到 return 语句。然而，如果该表达式为 false，那么可以肯定 score 小于 250，程序执行与最后的 else 子句关联的语句，显示消息 You scored less than 250. Nothing to brag about.。

提示

虽然最后的 else 子句在 if else-if 组合中不是必需的，但我们可以在序列中没有表达式为真的情况下使用它来执行代码。

2.5 使用 switch 语句

switch 语句可以用来在代码中创建多个分支点。下面给出 switch 语句的一般形式：

```
switch (choice)
{
  case value1:
        statement1;
        break;
  case value2:
        statement2;
        break;
  case value3:
        statement3;
        break;
        .
```

```
            ·
            ·
    case valueN:
            statementN;
            break;
        default:
            statementN+1;
    }
```

该语句将 *choice* 与其可能的值 *value1*、*value2* 和 *value3* 按顺序进行对比。如果 *choice* 与某个值相等，则程序执行相应的 *statement*。当程序运行到 break 语句时，会退出 switch 结构。如果 *choice* 与任意值都不匹配，则程序执行与可选的 default 关联的语句。

break 和 default 的使用是可选的。然而，如果去掉 break，程序将继续执行余下的语句，直到遇到 break 或 default，或者 switch 语句结束。我们通常都在每个 case 结尾加上 break 语句。

提示

尽管 default 条件不是必需的，但最好使用它来处理所有表达式都不为真的情况。

下面给出例子巩固 switch 概念。假定 *choice* 等于 *value2*。程序首先比较 *choice* 与 *value1*。因为它们不相等，程序继续执行。然后，程序会比较 choice 与 value2。因为它们相等，程序将执行 *statement2*。接着，程序遇到 break 语句，退出 switch 结构。

陷阱

switch 语句只能用来比较 int 型（或其他可以当作 int 型处理的值，如 char 型或枚举数）。switch 语句不能用于其他任何类型。

2.5.1 Menu Chooser 程序简介

Menu Chooser 程序向用户展示了一个菜单。该菜单列出了 3 个难度级别，并要求用户做出选择。如果用户输入的数字对应所列选项，则显示确认选择的消息。如果用户做出其他选择，则程序提示选择不合法。图 2.5 展示了正在运行的程序。

从异步社区网站上可以下载到本程序的代码。程序位于 Chapter 2 文件夹中，文件名为 menu_chooser.cpp。

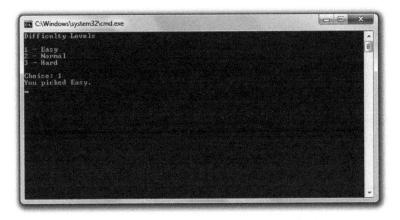

图 2.5 图中显示选择了简单级别

```cpp
// Menu Chooser
// Demonstrates the switch statement

#include <iostream>
using namespace std;

int main()
{
    cout << "Difficulty Levels\n\n";
    cout << "1 - Easy\n";
    cout << "2 - Normal\n";
    cout << "3 - Hard\n\n";

    int choice;
    cout << "Choice: ";
    cin >> choice;

    switch (choice)
    {
        case 1:
            cout << "You picked Easy.\n";
            break;
        case 2:
            cout << "You picked Normal.\n";
            break;
        case 3:
            cout << "You picked Hard.\n";
            break;
        default:
            cout << "You made an illegal choice.\n";
    }
    return 0;
}
```

2.5.2 创建多路分支

程序中的 switch 语句创建了 4 个分支点。如果用户输入 1，则程序执行与 case 1 关联的代码，显示 You picked Easy.。如果用户输入 2，则程序执行与 case 2 关联的代码，并显示 You picked Normal.。如果用户输入 3，则程序执行与 case 3 关联的代码，并显示 You picked Hard.。如果用户输入其他任意值，则进入 default，并显示 You made an illegal choice.。

陷阱

我们几乎总是会在每种情况结尾使用 break 语句。千万别忘记这一点，否则代码将做出意想不到的事情。

2.6 使用 while 循环

只要表达式的值为 true，那么 while 循环就可以重复执行部分代码。下面给出 while 循环的一般形式：

```
while (expression)
    statement;
```

如果 *expression* 的值为 false，则程序转到循环后面的语句。如果为 true，则执行 *statement*，然后再回过头来验证 *expression*。整个过程一直重复到 *expression* 的值为 false,然后循环结束。

2.6.1 Play Again 游戏简介

Play Again 程序模拟了玩一个令人兴奋的游戏（"模拟了玩一个令人兴奋的游戏"是指程序显示了消息**Played an exciting game**）。程序询问用户是否还想玩该游戏。只要用户输入 y，就可以继续玩这个游戏。程序通过 while 循环来实现重复。图 2.6 展示了正在运行的程序。

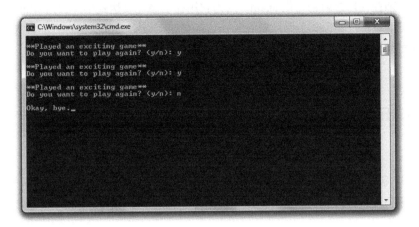

图 2.6 通过 while 循环实现重复

从异步社区网站上可以下载到该程序的代码。程序位于 Chapter 2 文件夹中，文件名为 play_again.cpp。

```cpp
// Play Again

// Demonstrates while loops
#include <iostream>
using namespace std;

int main()
{
    char again = 'y';
    while (again == 'y')
    {
        cout << "\n**Played an exciting game**";
        cout << "\nDo you want to play again? (y/n): ";
        cin >> again;
    }
    cout << "\nOkay, bye.";
    return 0;
}
```

2.6.2 使用 while 循环

程序做的第一件事情就是在 main()函数中声明名为 again 的 char 型变量，并将其初始化为'y'。然后，通过验证 again 是否为'y'，程序开始 while 循环。因为 again 的值为 y，程序显示消息**Played an exciting game**，然后询问用户是否还想继续玩，并将用户的回复存储在 again 中。只要用户输入 y，循环就继续。

注意必须在循环之前初始化 **again**，因为它用在了循环表达式中。因为 **while** 循环在循环体（一组重复执行的语句）之前计算表达式的值，所以必须确保循环开始前表达式中所有变量都有值。

2.7　使用 do 循环

像 while 循环一样，do 循环也可以基于表达式重复执行部分代码。区别在于，do 循环在每次循环迭代之后验证表达式。这意味着循环体总是至少要执行一次。下面给出 do 循环的一般形式：

```
do
        statement;
while (expression)
```

程序执行 *statement*，且只要验证为 true，循环就重复进行。一旦 *expression* 验证为 false，则循环终止。

2.7.1　Play Again 2.0 程序简介

Play Again 2.0 程序在用户看来和原始的 Play Again 一样。Play Again 2.0 同样通过显示 ****Played an exciting game**** 模拟用户玩了一个令人兴奋的游戏，并询问用户是否再玩一次。只要用户输入 y，就可以继续玩下去。然而，这次程序使用 do 循环来完成代码的重复执行。程序如图 2.7 所示。

从异步社区网站上可以下载到该程序的代码。程序位于 Chapter 2 文件夹中，文件名为 play_again2.cpp。

```
// Play Again 2.0
// Demonstrates do loops

#include <iostream>

using namespace std;
int main()
{
    char again;
    do
    {
```

```
        cout << "\n**Played an exciting game**";
        cout << "\nDo you want to play again? (y/n): ";
        cin >> again;
    } while (again == 'y');
    cout << "\nOkay, bye.";
    return 0;
}
```

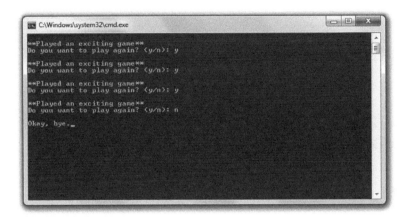

图 2.7　每次重复都用 do 循环完成

2.7.2　使用 do 循环

程序在 do 循环开始前声明了 char 型变量 again。然而，并不需要对它进行初始化，因为直到第一次循环结束才会对其进行验证。循环体为 again 从用户获取新的值。然后在循环表达式中验证 again。如果 again 等于 y，则重复循环；否则，循环终止。

陷阱

如果在玩游戏的过程中陷入了相同的没有尽头的循环，那么有可能是遇上了无限循环，即没有终点的循环。下面给出一个无限循环的简单例子：

```
int test = 10;
while (test == 10)
{
    cout << test;
}
```

在这种情况下，因为 test 值为 10，程序进入循环。但因为 test 值从未改变，循环不会停止。结果是用户将必须强制终止运行程序。这段代码要说明什么？确保循环的表达式最后能成为 false，或者有其他方式来终止循环。2.8 节将介绍这种方式。

现实世界

尽管 while 和 do 循环都可以使用，大多数程序员都使用 while 循环。虽然 do 循环在某些情况下看来更自然，但 while 循环的优势在于循环表达式出现在循环的开头，这样就不用去循环结尾寻找。

2.8 使用 break 和 continue 语句

循环的行为是能够改变的，比如使用 break 语句立即退出循环，或者使用 continue 语句直接跳转到循环开始。尽管应当少用这些语句，但它们有时确实很有用。

2.8.1 Finicky Counter 程序简介

Finicky Counter 程序通过 while 循环从 1 数到 10。但是该程序很挑剔，不喜欢 5 这个数字，所以跳过了它。该程序的运行示例如图 2.8 所示。

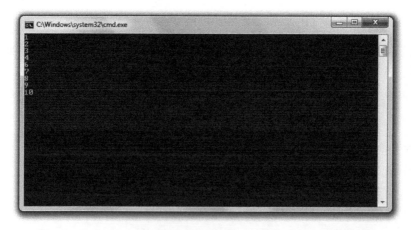

图 2.8　程序用 continue 语句跳过了数字 5，循环以 break 语句结束

从异步社区网站上可以下载到该程序的代码。程序位于 Chapter 2 文件夹中，文件名为 finicky_counter.cpp。

```
// Finicky Counter
// Demonstrates break and continue statements
```

```cpp
#include <iostream>
using namespace std;
int main()
{
    int count = 0;
    while (true)
    {
        count += 1;
        //end loop if count is greater than 10
        if (count > 10)
        {
            break;
        }
        //skip the number 5
        if (count == 5)
        {
            continue;
        }
        cout << count << endl;
    }
    return 0;
}
```

2.8.2 创建 while(true)循环

程序中使用下面一行代码来初始化循环:

```cpp
while (true)
```

从技术上来讲,这是个无限循环。在刚刚警告过要避免无限循环后就使用了一个无限循环,这显得有些奇怪,但是这个特殊的循环并不会无限循环下去,因为循环体中有退出条件。

提示

尽管 while (true)循环有时能比传统循环更清晰,但也应当尽可能少使用这种循环。

2.8.3 使用 break 语句退出循环

下面的代码是循环中的退出条件:

```cpp
//end loop if count is greater than 10
if (count > 10)
{
    break;
}
```

因为 count 在每次循环开始时加 1，所以它最终会增加到 11。当到 11 时，程序执行
break 语句（意思是"终止并退出循环"），循环结束。

2.8.4 使用 continue 语句跳转到循环开始

在显示 count 前，有下面几行代码：

```
//skip the number 5
if (count == 5)
{
    continue;
}
```

continue 语句的意思是"跳转到循环的开始"。在循环开始，程序验证 while 表达式。
如果值为真，则程序再次进入循环。因此，当 count 等于 5 时，程序不会执行 cout << count
<< endl;语句，而是回到循环开始：5 被跳过，不会显示。

2.8.5 使用 break 和 continue 的时机

循环中任意一处都可以使用 break 和 continue，它们不仅用于 while(true)循环。但应该
尽量少用 break 和 continue，它们会让程序员很难读懂循环的流程。

2.9 使用逻辑运算符

目前为止，我们已经介绍了简单的表示真或假的表达式。然而，它们可以用逻辑运算
符组合起来，形成更复杂的表达式。表 2.2 列出了逻辑运算符。

表 2.2 逻辑运算符

运 算 符	描 述	示 例
!	逻辑非	*!expression*
&&	逻辑与	*expression1&& expression2*
||	逻辑或	*expression1||expression2*

2.9.1 Designers Network 程序简介

Designers Network 程序模拟了一个计算机网络，只有选好的一部分游戏设计者才是网络成员。像现实世界的计算机系统一样，每个成员必须输入用户名和密码来登录。如果登录成功，成员将收到对其个人的问候。若要作为访客登录，用户只需在用户名或密码提示的后面输入 guest 即可。程序运行情况如图 2-9～图 2-11 所示。

图 2.9　不是成员或访客则无法登录

图 2.10　可以作为访客登录

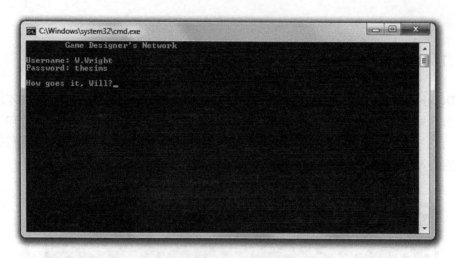

图 2.11　看来今天有精英登录了

从异步社区网站上可以下载到该程序的代码。程序位于 Chapter 2 文件夹中，文件名为 designers_network.cpp。

```cpp
// Designers Network
// Demonstrates logical operators
#include <iostream>
#include <string>
using namespace std;
int main()
{
    string username;
    string password;
    bool success;
    cout << "\tGame Designer's Network\n";
    do
    {
        cout << "\nUsername: ";
        cin >> username;

        cout << "Password: ";
        cin >> password;
        if (username == "S.Meier" && password == "civilization")
        {
            cout << "\nHey, Sid.";
            success = true;
        }
        else if (username == "S.Miyamoto" && password == "mariobros")
```

```
        {
            cout << "\nWhat's up, Shigeru?";
            success = true;
        }
        else if (username == "W.Wright" && password == "thesims")
        {
            cout << "\nHow goes it, Will?";
            success = true;
        }
        else if (username == "guest" || password == "guest")
        {
            cout << "\nWelcome, guest.";
            success = true;
        }
        else
        {
            cout << "\nYour login failed.";
            success = false;
        }
    } while (!success);
    return 0;
}
```

2.9.2　使用逻辑与运算符

逻辑与运算符&&可以连接两个表达式来形成更大的表达式。大的表达式也能计算成 true 或 false。仅当被连接的两个表达式都为 true 时，新的表达式才为 true；否则为 false。就像"与"是"两者都"的意思，两个原始表达式都为 true，新表达式才为 true。下面给出 Designers Network 程序中的具体例子：

```
if (username == "S.Meier" && password == "civilization")
```

仅当 username == "S.Meier"和 password == "civilization"同时为 true 时，表达式 username == "S.Meier" && password == "civilization"才为 true。这样很奏效，因为程序只希望在 Sid 输入其用户名和密码时才授权登录。只有一个正确则无法登录。

还有一种理解&&工作原理的方式，就是看看真与假的所有可能的组合（见表 2.3）。

当然，Designers Network 程序还对 Sid Meier 以外的其他用户有效。通过使用带 else 子句且使用&&运算符的一系列 if 语句，程序检测 3 对不同的用户名和密码。如果用户输入的一对用户名和密码存在，则会收到对其个人的问候。

表 2.3　使用与运算符的可能的登录组合

username == "S.Meier"	password == " civilization "	username=="S.Meier"&& password == "civilization"
true	true	true
true	false	false
false	true	false
false	false	false

2.9.3　使用逻辑或运算符

逻辑或运算符||可以连接两个表达式来形成更大的表达式。大的表达式也能计算成 true 或 false。如果第一个表达式为 true 或第二个表达式为 true，则新的表达式就为 true；否则为 false。就像"或"表示"其中之一"，如果两个表达式其中之一为 true，则新的表达式为 true（如果都为 true，则大的表达式仍然为 true）。下面给出 Designers Network 程序中的具体例子：

```
else if (username == "guest" || password == "guest")
```

如果 username == "guest"为 true 或 password == "guest"为 true，则表达式 username == "guest" || password == "guest"为 true。这样很奏效，因为程序希望只要用户在用户名或密码处输入 guest 就授权登录。如果用户在两处输入的都是 guest，那样也可以。

还有一种理解||工作原理的方式，就是看看真与假的所有可能的组合（见表 2.4）。

表 2.4　使用或运算符的可能的登录组合

username == "guest"	password == "guest"	username == "guest" || password == "guest"
true	true	true
true	false	true
false	true	true
false	false	false

2.9.4　使用逻辑非运算符

逻辑非运算符! 可以将表达式的真或假进行转换。如果原始表达式为 false，则新的表达式为 true；反之则新的表达式为 false。就像"非"表示相反，新表达式的值与原表达式相反。下面在 do 循环的布尔表达式中使用非运算符：

```
} while (!success);
```

当 success 为 false 时，表达式!success 的值为 true。这样很奏效，因为只有当登录失败的时候 success 才为 false。在这种情况下，再次执行与 do 循环关联的程序块，并再次询问用户的用户名和密码。

当 success 为 true 时，表达式!success 的值为 false。这样很奏效，因为当 success 为 true时，用户已经成功登录且循环结束。

还有一种理解！工作原理的方式，就是看看真与假的所有可能的组合（见表2.5）。

表2.5　使用非运算符的可能的登录组合

security	! security
true	false
false	true

2.9.5　运算符的优先级

同算术运算符一样，在表达式求值时逻辑运算符的优先级会影响它们的求值顺序。逻辑非! 比逻辑与&&优先级高。逻辑与&&比逻辑或||优先级高。

和使用算术运算符一样，如果希望先对低优先级的运算符进行计算，可以使用括号。我们还可以创建包含算术运算符、关系运算符和逻辑运算符的复杂表达式。运算符优先级定义了表达式中元素的求值顺序。然而，最好写成简单明了的表达式，而不是那种需要精通运算符优先级才能看懂的表达式。

C++运算符及其优先级详见附录 B。

提示

尽管在大表达式中可以使用括号改变求值方式，但也可以使用冗余括号 —— 不改变表达式值的括号 —— 让表达式更清晰易懂。下面给出一个简单的例子。看看程序 Designers Network 中的表达式：

```
(username == "S.Meier" && password == "civilization")
```

再来看看带冗余括号的表达式：

```
( (username == "S.Meier") && (password == "civilization") )
```

虽然额外的括号没有改变表达式的含义，但是可以让用&&运算符连接的两个较小的表达式显得更加醒目。

使用冗余括号是一门艺术。它们有用还是仅仅是多余，这是作为一个程序员必须决定的。

2.10 随机数的生成

不可预测性可以增加游戏的刺激性。无论是 RTS 游戏中计算机对手策略上的突变还是 FPS 游戏中从任意一扇门中蹦出的外星生物，玩家都会感到某种程度的意外。随机数的生成是实现这种意外的一种方式。

2.10.1 Die Roller 程序简介

Die Roller 程序模拟投掷六面骰子。计算机通过生成随机数来进行投掷。程序运行结果如图 2.12 所示。

图 2.12 骰子的投掷过程是基于程序生成的随机数来模拟的

从异步社区网站上可以下载到该程序的代码。程序位于 Chapter 2 文件夹中，文件名为 die_roller.cpp。

```
// Die Roller
// Demonstrates generating random numbers

#include <iostream>
#include <cstdlib>
#include <ctime>
```

```
using namespace std;
int main()
{
    srand(static_cast<unsigned int>(time(0))); //seed random number generator
    int randomNumber = rand(); //generate random number

    int die = (randomNumber % 6) + 1; // get a number between 1 and 6
    cout << "You rolled a " << die << endl;

    return 0;
}
```

2.10.2 调用 rand()函数

程序首先包含了一个新文件：

```
#include <cstdlib>
```

文件 cstdlib 包含（除了其他内容以外）处理随机数生成的函数。因为包含了该文件，所以可以自由调用其中的函数，包括 rand()。主函数中就有该函数的调用：

```
int randomNumber = rand(); //generate random number
```

如第 1 章所述，函数是能完成某项任务并有一个返回值的一些代码块。我们可以通过在函数名后面加上一对括号来调用函数。如果函数有返回值，该值可以赋给一个变量，如上面代码中的赋值语句所示。rand()的返回值（一个随机数）赋给了 randomNumber。

提示

函数 rand()生成从 0 到至少 32767 之间的随机数。具体的上界取决于所使用的 C++实现。该上界存储在 cstdlib 定义的常量 RAND_MAX 中。因此，如果想知道 rand()能生成的最大随机数，那么就把 RAND_MAX 发送给 cout。

函数也可以使用传递给它们的数值。在函数名后面的括号中放入这些数值并用逗号隔开，就可以供函数使用。这些值称为实参。在为函数提供这些数值时，通过实参传递给函数。rand()没有接受任何数值传递，因为该函数不需要任何实参。

2.10.3 为随机数生成器确定种子

计算机基于数学公式生成的是伪随机数，而不是真正的随机数。可以把这想象成让计算机从一本包含许多预定数字的书中读取数字。通过从该书中读取，计算机可以表现得像是在产生随机数序列。

但是这样存在一个问题：计算机总是从书的起始点开始读取数字。因此，计算机在程序中总是产生相同的"随机数"序列。这在游戏中是不希望见到的。例如，我们不希望每次玩游戏时，骰子掷出的都是同样的数字。

这个问题的一个解决方法是当游戏程序开始时，告诉计算机从书的某个任意位置开始读取数字。该过程称为为随机数生成器确定种子。游戏程序员为随机数生成器提供一个叫作种子的数来确定伪随机数序列的起始位置。

下面的代码为随机数生成器确定种子：

```
srand(static_cast<unsigned int>(time(0))); //seed random number generator
```

这行代码看起来相当晦涩，但是它的作用其实很简单。它基于当前日期与时间为随机数生成器确定种子。这样做非常合适，因为当前日期与时间在每次程序运行时都不同。

实际上是函数 srand() 为随机数生成器确定种子，只需将一个 unsigned int 型的值作为种子传递给它。这里传递给函数的是 time(0) 的返回值—— 一个基于当前系统日期和时间的数字。代码 static_cast<unsigned int> 只是将这个值转换为 unsigned int 型。现在不必急于弄懂该行所有难懂的地方。如果希望程序在每次运行时生成不同的随机数序列，至少应该在调用 rand() 前让程序执行一次这一行代码。

提示

本书不全面解释各种形式的数值类型转换。

2.10.4 在一定范围内计算

生成随机数后，randomNumber 存储的数值在 0 ~ 32767 之间（基于本书所使用的 C++实现）。但是我们需要一个 1 ~ 6 之间的数，因此程序用取模运算符生成一个在此范围内的数。

```
int die = (randomNumber % 6) + 1; // get a number between 1 and 6
```

任意正数除以 6 的余数都在 0 ~ 5 之间。在上面的代码中，程序将余数加 1，就有了范围 1 ~ 6——这正是我们希望的。可以使用这种技术将随机数转换为所需范围内的数。

陷阱

用取模运算符从随机数生成某个范围内的数的方法可能导致不均匀的结果。范围内某些数可能比其他数更有可能出现。然而，对于简单的游戏，这不是什么问题。

2.11 理解游戏主循环

游戏主循环是游戏中事件流的一般表示方式。事件的核心部分要重复执行，因此称之为循环。尽管不同游戏的主循环的实现不尽相同，但是几乎所有不同种类的游戏的基本结构是一样的。无论是简单的太空射击游戏，还是复杂的角色扮演游戏（Role-Playing Game, RPG），游戏通常由游戏主循环中相同的重复部分组成。游戏主循环如图 2.13 所示。

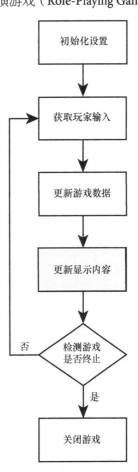

下面解释游戏主循环的各个部分：

- **初始化设置**。这部分通常用于接受初始化设置或加载游戏资源，如声音、音乐和图形。游戏背景故事和游戏目标可能也会在这里呈现给玩家。

- **获取玩家输入**。这部分用于捕获玩家输入。玩家输入可以来自键盘、鼠标、游戏手柄、轨迹球或其他设备。

- **更新游戏数据**。根据玩家的输入，对游戏世界应用游戏逻辑与规则。譬如，通过物理系统确定与物体相互作用的方式，或者对手 AI 的计算。

- **更新显示内容**。在大部分游戏中，这一过程对计算机硬件的负担是最重的，因为这个过程经常涉及到图形的绘制。然而，这一过程也可以是简单地显示文本。

- **检测游戏是否终止**。如果游戏没有结束（譬如，玩家的角色还存活，并且玩家没有退出游戏），游戏将跳转回获取用户输入的阶段。如果游戏结束，则进入关闭阶段。

- **关闭游戏**。游戏在这里结束。玩家通常获得一些如得分之类的最终消息。如有必要，程序将释放所有资源，然后退出。

图 2.13　游戏主循环描述了几乎
适用于任何游戏的基本事件流

2.12 Guess My Number 游戏简介

本章最后一个项目 Guess My Number 是一款经典的猜数游戏。如果有谁在童年没有玩过这个游戏，这里给出它的规则：计算机在 1 ~ 100 之间选择一个随机数，然后玩家尝试以最少的次数来猜中这个数。玩家每次输入猜测的数字，计算机告诉玩家猜测过高、过低或正好猜对。一旦玩家猜中，游戏结束。程序运行示例如图 2.14 所示。从异步社区网站上可以下载到该程序的代码。程序位于 Chapter 2 文件夹中，文件名为 **guess_my_number.cpp**。

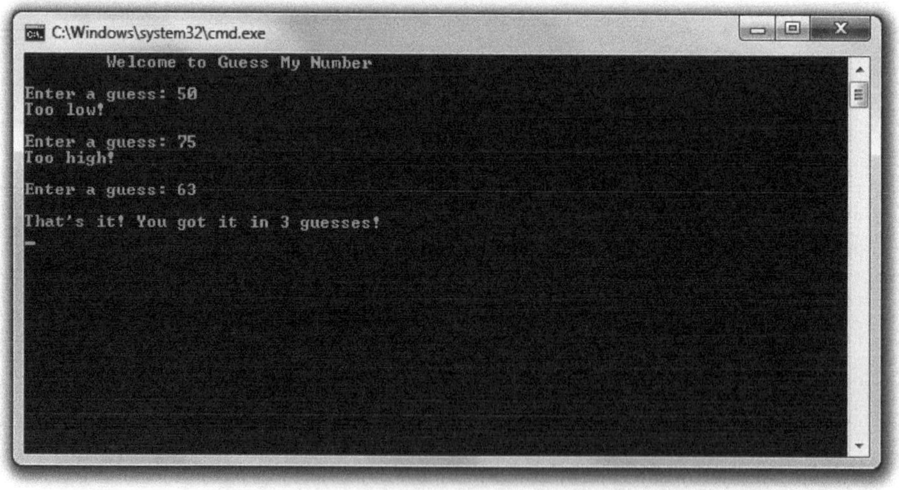

图 2.14　我只用了 3 次就猜中了计算机给出的数

2.12.1　采用游戏主循环

很容易发现，即使这样一个简单的游戏也符合游戏主循环的构造。图 2.15 显示，游戏主循环模型对于该游戏流程很适合。

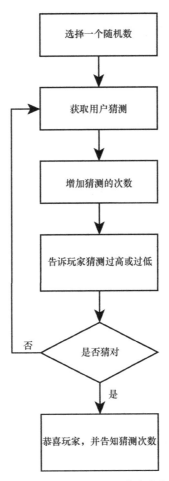

图 2.15　Guess My Number 的游戏主循环

2.12.2　初始化游戏

像往常一样，我们还是以注释开始，并包含必要的文件。

```
// Guess My Number
// The classic number guessing game
#include <iostream>
#include <cstdlib>
#include <ctime>

using namespace std;
```

程序包含 **cstdlib** 是因为要生成随机数，包含 **ctime** 是因为要使用当前时间为随机数生成器确定种子。接下来，**main()** 在开头部分选择一个随机数，将猜测次数置为 0，并为玩家猜测的数字创建一个变量。

```
int main()
{
    srand(static_cast<unsigned int>(time(0)));  // seed random number generator
    int secretNumber = rand() % 100 + 1;          // random number between 1 and 100
    int tries = 0;
    int guess;

    cout << "\tWelcome to Guess My Number\n\n";
```

2.12.3　创建游戏主循环

接下来是游戏主循环。

```
    do
    {
        cout << "Enter a guess: ";
        cin >> guess;
        ++tries;

        if (guess > secretNumber)
        {
            cout << "Too high!\n\n";
        }
        else if (guess < secretNumber)
        {
            cout << "Too low!\n\n";
        }
        else
        {
            cout << "\nThat's it! You got it in " << tries << " guesses!\n";
        }
    } while (guess != secretNumber);
```

这段代码获得玩家输入，增加猜测的次数，然后告诉玩家猜测过高、过低或刚好猜对。如果玩家猜对，循环终止。

注意 **while** 循环中的 **if** 语句是嵌套使用的。

2.12.4　游戏结束

一旦玩家猜中这个秘密的数字，循环和游戏结束。剩下的只是终止程序：

```
    return 0;
}
```

2.13　本章小结

本章介绍了以下概念：

- 表达式的真与假可以用于分支执行（或跳过）部分代码。
- 可以使用关键字 true 或 false 表示真或假。
- 任意值或表达式可以求值为真或假。
- 任意非零值可以解释成 true，而 0 解释成 false。
- 创建布尔表达式的一般方式是使用关系运算符进行值比较。
- if 语句对表达式进行验证，只有当表达式为 true 时才执行代码。
- if 语句的 else 子句指定的代码只有在 if 语句中表达式验证为 false 时才执行。
- switch 语句验证能当作 int 型的值，并执行标记有相应值的代码段。
- switch 语句中的 default 关键字指定的代码在被验证值与 switch 语句所列值无一匹配时执行。
- 如果表达式为 true，则 while 循环就执行代码段。只要表达式为 true，循环就重复执行。
- do 循环会首先执行代码段。只要表达式为 true，则循环重复执行。
- 循环中的 break 语句可以立即终止循环。
- 循环中的 continue 语句导致程序控制转向循环顶端。
- &&（与）运算符将两个较小表达式组合成新的表达式。新表达式只有在两个较小表达式都为 true 时才为 true。
- ||（或）运算符将两个较小表达式组合成新的表达式。两个较小表达式其中之一为 true 时，新表达式即为 true。
- !（非）运算符生成与原始表达式真值相反的新表达式。

- 游戏主循环是游戏事件流的一般化表现形式，事件的核心部分重复执行。
- 文件 cstdlib 包含用于处理随机数生成的函数。
- cstdlib 中定义的函数 srand() 用于为随机数生成器确定种子。
- cstdlib 中定义的函数 rand() 返回一个随机数。

2.14 问与答

问：必须使用关键字 true 和 false 吗？

答：不一定，但最好这样做。在有关键字 true 和 false 之前，程序员经常使用 1 代表 true，0 代表 false。然而，既然有了 true 和 false，最好使用它们而不是过时的 1 和 0。

问：可以将 true 或 false 以外的值赋给 bool 型变量吗？

答：可以。可以将表达式赋给 bool 型变量，变量将存储表达式的真或假。

问：可以使用 switch 语句对某个非整数值进行验证吗？

答：不可以。switch 只能用于可以解释成整数的值（包括 char 型值）。

问：如何不使用 switch 语句来完成单个非整数值与多值的比较？

答：可以使用 if 语句序列。

问：什么是无限循环？

答：无论用户输入什么也不会终止的循环。

问：为什么无限循环不好？

答：因为陷入无限循环的程序不会自行终止，它必须由操作系统来关闭。最糟糕的情况是，用户必须通过关闭计算机来终止陷入无限循环的程序。

问：编译器不会捕获无限循环并报错吗？

答：不会。无限循环是逻辑错误，即那种必须由程序员发现的错误。

问：如果无限循环不好，那 while(true) 也不好吗？

答：不是的。程序员创建一个 while 循环时应当提供循环终止方式（通常通过 break 语句）。

问：为什么程序员要创建 while(true) 循环？

答：while(true) 循环经常用于程序主循环，如游戏主循环。

问：为什么有些人认为使用 break 语句退出循环不是好的编程方式？

答：因为 break 语句的滥用会让人难以理解循环的终止条件。然而，有时在 while (true)

循环中使用 break 语句可能比使用传统方式创建同样的循环更加清晰易懂。

问：什么是伪随机数？

答：通常由数学公式生成的随机数。所以，伪随机数序列不是真正的随机数。但它对于大多数任务来说已经足够好了。

问：为随机数生成器确定种子是什么意思？

答：是指给随机数生成器提供一个种子，如一个整数，它能影响生成器产生随机数的方式。如果不为随机数生成器确定种子，那么每次程序开始运行时都会产生相同的数列。

问：是不是在使用随机数生成器之前，总是应该为它们确定种子？

答：不一定。例如，可能为了测试的目的，希望每次程序运行时都产生一模一样的"随机"数序列。

问：如何生成更加真实的随机数？

答：有这样的第三方库，它们可以产生比 C++编译器更好的伪随机数。

问：所有游戏都使用游戏主循环吗？

答：游戏主循环只是一种看待游戏事件流的方式。这种模型适合特定的游戏并不意味着游戏必须以这种循环执行主要代码的形式实现。

2.15 问题讨论

1. 如果没有循环，程序在实现哪种任务时会遇到困难？
2. switch 语句对比 if 语句序列的优势和劣势在哪里？
3. 什么时候可以省略 switch 语句中某个 case 结尾处的 break 语句？
4. 什么时候应该使用 while 循环而不是 do 循环？
5. 用游戏主循环的形式描述您最喜欢的游戏。用游戏主循环描述起来合适吗？

2.16 习题

1. 用枚举类型表示难度等级，重写本章的 Menu Chooser 程序。变量 choice 仍然是 int 型。

2. 下面的循环有什么问题？

```
int x = 0;
while (x)
{
    ++x;
    cout << x << endl;
}
```

3. 写一个新版本的 Guess My Number 程序。程序中，玩家和计算机交换角色。也就是说，玩家挑一个数让计算机来猜。

第 **3** 章

for 循环、字符串与数组：Word Jumble

之前章节已经介绍了如何使用单个值，本章将介绍如何使用数据列。您将学习更多有关字符串（字符序列的对象）的知识。本章还将介绍如何使用任意类型的序列，以及一种非常适合于与这种序列一起使用的新型循环。具体而言，本章内容如下：

- 使用 for 循环对序列进行遍历；
- 使用组合了数据和函数的对象；
- 使用 string 对象及其成员函数处理字符序列；
- 使用数组对任意类型序列进行存储、访问和操作；
- 使用多维数组更好地表示某种数据集合。

3.1 使用 for 循环

第 2 章已经介绍了一种循环—— while 循环。现在介绍另外一种循环，即 for 循环。与 while 循环一样，for 循环允许重复执行一段代码，但是它特别适合于计数以及遍历序列数据（如 RPG 游戏中角色物品栏中的物品）。

下面给出 for 循环的一般形式：

```
for (initialization; test; action)
    statement;
```

initialization 是为循环设置初始条件的语句（例如，它可能将计数器变量的值置为 0）。每次在执行循环体之前都要对表达式 *test* 进行测试，就像 while 循环一样。如果 *test* 为 false，程序转移到循环之后的语句。如果 *test* 为 true，则执行 *statement*。接下来执行 *action*（通常是增加计数器变量的值）。该过程将一直重复，直到 *test* 为 false，随后循环终止。

3.1.1 Counter 程序简介

Counter 程序向前、向后以及每次隔 5 进行计数，甚至还绘出一个有行有列的网格。这些全都是通过 for 循环来完成的。程序运行示例如图 3.1 所示。

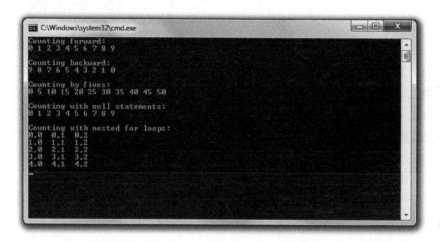

图 3.1 循环完成全部的计数工作，而一对嵌套的 for 循环显示了网格

从异步社区网站可以下载到该程序的代码。程序位于 Chapter 3 文件夹中，文件名为 counter.cpp。

```cpp
// Counter
// Demonstrates for loops

#include <iostream>

using namespace std;

int main()
{
    cout << "Counting forward:\n";
    for (int i = 0; i < 10; ++i)
    {
        cout << i << " ";
    }
    cout << "\n\nCounting backward:\n";
    for (int i = 9; i >= 0; --i)
    {
        cout << i << " ";
    }
    cout << "\n\nCounting by fives:\n";
```

```cpp
for (int i = 0; i <= 50; i += 5)
{
    cout << i << " ";
}
cout << "\n\nCounting with null statements:\n";
int count = 0;
for ( ; count < 10; )
{
    cout << count << " ";
    ++count;
}
cout << "\n\nCounting with nested for loops:\n";
const int ROWS = 5;
const int COLUMNS = 3;
for (int i = 0; i < ROWS; ++i)
{
    for (int j = 0; j < COLUMNS; ++j)
    {
        cout << i << "," << j << " ";
    }
    cout << endl;
}
return 0;
}
```

陷阱

如果您使用的是较早的、没有完全实现当前的 C++ 标准的编译器，在编译这个程序时，可能会遇到像 error: 'i' : redefinition; multiple initialization 这样的错误。

最好的解决办法是使用一款现代的兼容编译器。好在，如果您使用的是 Windows 环境，从网站 www.visualstudio.com/downloads/download-visual-studio-vs 上可以下载到流行（且免费）的 Microsoft Visual Studio Express 2013 for Windows Desktop，其中包含一款现代编译器。

如果必须使用早期的编译器，则应当在同一作用域中为所有的 for 循环声明一次计数器变量。第 5 章中将介绍作用域的概念。

3.1.2 使用 for 循环计数

第一个 for 循环从 0 计数到 9，其初始语句如下：

```cpp
for (int i = 0; i < 10; ++i)
```

初始化语句 int i = 0 声明了 i 并将其初始化为 0。表达式 i < 10 表示只要 i 小于 10，循环就继续。最后的 action 语句 ++i 使 i 在每次循环体结束后都递增。结果是循环迭代 10 次，针对 0～9 中的数每个一次。每次迭代过程中，循环体都显示 i 的值。

接下来的 for 循环从 9 向下计数到 0，其初始语句如下：

```
for (int i = 9; i >= 0; --i)
```

其中，i 的初始值为 9，且只要 i 大于等于 0，循环就将继续。每次循环体结束时，i 值递减。结果是循环显示的值为 9 ~ 0。

接下来的循环从 0 计数到 50，每次加 5，其初始语句如下：

```
for (int i = 0; i <= 50; i += 5)
```

其中，i 的初始值为 0，且只要 i 小于等于 50，循环就将继续。但要注意 action 语句 i += 5 在循环体结束后使 i 增加 5。结果是循环显示 0、5、10、15 等。表达式 i<=50 表示只要 i 小于等于 50，则执行循环体。

可以使用任意值初始化计数器变量、创建测试条件以及更新计数器变量。然而，最常见的是让计数器从零开始计数，且在每次循环迭代后增加 1。

最后，在介绍 while 循环时关于无限循环的警告同样适用于 for 循环。要确保循环能终止，否则玩家会很不乐意。

3.1.3 在 for 循环中使用空语句

在 for 循环中可以使用空语句，如下面这个循环所示：

```
for ( ; count < 10; )
```

initialization 和 action 语句中使用的是空语句。这样做是合法的，因为循环之前就声明和初始化了 count，并在循环体内部增加它的值。该循环显示的整数序列和程序中的第一个循环显示的相同。尽管该循环看起来有些奇怪，但它绝对是合法的。

提示

> 游戏程序员的习惯因人而异。在第 2 章我们了解到，可以使用 while (true) 让循环一直运行，直到遇到退出语句（如 break）。有些程序员喜欢用 for (; ;) 开头的 for 循环来创建这类循环。
>
> 因为循环中的测试表达式是空语句，循环将一直运行，直到遇到某个退出语句。

3.1.4 for 循环的嵌套

可以将 for 循环置于另一个 for 循环中来实现嵌套，如接下来的代码所示，它计算出网格的元素。外层循环的初始语句如下：

```
for (int i = 0; i < ROWS; ++i)
```

该循环仅执行循环体 ROWS（5）次。但恰好循环中还有另外一个 for 循环：

```
for (int j = 0; j < COLUMNS; ++j)
```

结果，对于外层循环的每次迭代，内层循环都完整地执行一遍。在本例中，这意味着对于外层循环 ROWS（5）次迭代的每一次，内层循环都执行 COLUMNS（3）次，总共 15 次。

具体过程如下：

（1）外层 for 循环声明 i 并将其初始化为 0。因为 i 小于 ROWS（5），所以程序进入其循环体。

（2）内层 for 循环声明 j 并将其初始化为 0。因为 j 小于 COLUMNS（3），所以程序进入其循环体，将 i 和 j 值发送给 cout，显示 0, 0。

（3）程序到达内层循环的循环体终点，并把 j 加至 1。因为 j 仍然小于 COLUMNS（3），所以程序再次执行内层循环的循环体，显示 0, 1。

（4）程序到达内层循环的循环体终点，并把 j 加至 2。因为 j 仍然小于 COLUMNS（3），所以程序再次执行内层循环的循环体，显示 0, 2。

（5）程序到达内层循环的循环体终点，并把 j 加至 3。这时，j 不再小于 COLUMNS（3），内层循环终止。

（6）程序发送 endl 给 cout，完成了外层循环的第一次迭代，结束第一行。

（7）程序到达外层循环的循环体终点，并把 i 加至 1。因为 i 小于 ROWS（5），程序再次进入外层循环的循环体。

（8）程序到达内层循环。内层循环从头开始声明和初始化 j 为 0。程序执行上面描述的步骤（2）～（7），并显示网格的第二行。该过程一直执行，直到显示了所有 5 行。

再次强调，要记住的重点在于，对于外层循环的每次迭代，内层循环都完整地执行一遍。

3.2 了解对象

到目前为止，已经介绍如何使用变量存储单条信息，以及如何使用运算符和函数对这些变量进行操作。但是游戏中出现的大多数事物（譬如说外星飞行器）则是对象。它们是被封装起来的、组合了属性（如能量等级）和能力（如实施武器攻击）的聚合体。通常情况下，将这些属性和能力彼此分开讨论是没有意义的。

好在大多数现代编程语言允许使用软件对象（经常简称为对象）组合数据与函数。对象的数据元素称为**数据成员**，而对象的函数称为**成员函数**。具体例子可以想象一下外星飞行器。外星飞行器可能是游戏程序员定义的一种称为 **Spacecraft** 的新类型的对象。它包含一个表示能量等级的数据成员和一个实施武器攻击的成员函数。实际上，对象的能量等级可能存储在 int 型的数据成员 **energy** 中，且其攻击的能力定义在名为 fireWeapons() 的成员函数中。

同一类型的每个对象都有同样的基本结构，因此每个对象都有相同的数据成员和成员函数的集合。然而，作为个体，每个对象的数据成员都有其各自的值。如果现在有一个由 5 个外星飞行器组成的飞行中队，每个飞行器都有其各自的能量等级。其中一个飞行器的能量等级可能为 75，而另一个可能仅为 10。即使两个飞行器的能量等级相同，但它们还是独立的。它们也可以通过调用其成员函数 fireWeapons() 让各自的武器开火。外星飞行器的概念如图 3.2 所示。

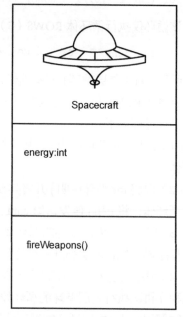

图 3.2　这种外星飞行器定义的表示方式说明每个对象都有一个名为 energy 的数据成员和一个名为 fireWeapons() 的成员函数

对象的妙处在于并不需要知道其实现细节就能使用它们，就像不必在开车之前学会制造汽车一样。我们只需要知道对象的数据成员和成员函数，就像只需要知道汽车的方向盘、油门和刹车在哪里一样。

对象可以存储在变量中，就像内置数据类型一样。因此，一个外星飞行器对象可以存储在 Spacecraft 类型的变量中。可以通过将成员选择运算符（ . ）置于对象变量名之后来访问数据成员和成员函数。如果希望外星飞行器 ship 只有在能量等级大于 10 时开火，可以按如下方式编写代码：

```
// ship is an object of Spacecraft type
if (ship.energy > 10)
{
    ship.fireWeapons()
}
```

ship.energy 访问对象 ship 的数据成员 energy，而 ship.fireWeapons()调用对象的成员函数 fireWeapons()。

尽管到现在还没有介绍如何创建自己的新类型（如外星飞行器），但可以使用前面已定义好的对象类型。这就是接下来要介绍的内容。

3.3 使用 string 对象

无论是编写完整的字谜游戏还是简单地存储玩家名字，第 1 章简单介绍过的 string 对象都非常适合于处理这样的字符序列。string 实际上是对象，它提供的成员函数允许用 string 对象完成一系列任务，从简单地获取对象长度到复杂的字符替换等等。另外，string 的定义方式使它可以直观地与已知的一些运算符一起使用。

3.3.1 String Tester 程序简介

String Tester 程序使用了一个等于"Game Over!!!"的字符串，并报告它的长度、每个字符的索引（位置序号）以及是否存在特定的子字符串。另外，程序还将该 string 对象的部分内容擦除。该程序的运行结果如图 3.3 所示。

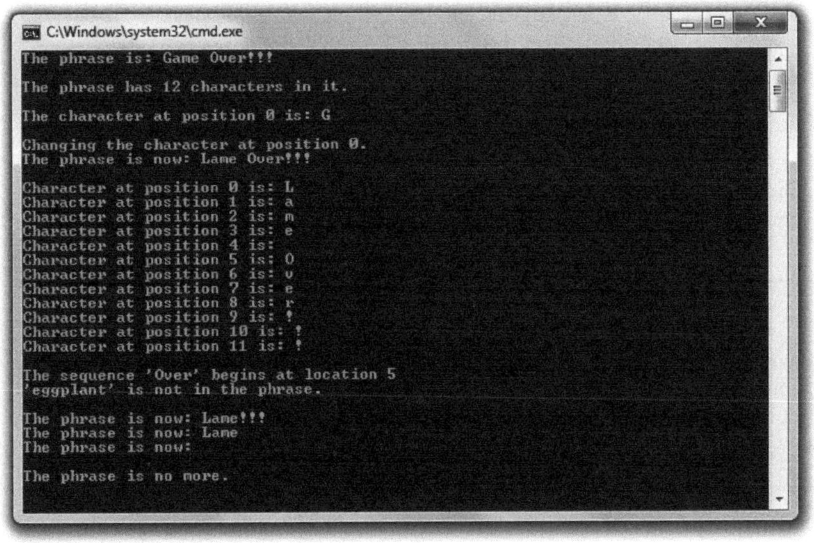

图 3.3　通过常见的运算符和 string 成员函数可以对 string 对象进行组合、修改和擦除操作

从异步社区网站上可以下载到该程序的代码。程序位于 **Chapter 3** 文件夹中，文件名
为 string_tester.cpp。

```cpp
// String Tester
// Demonstrates string objects

#include <iostream>
#include <string>

using namespace std;
int main()
{
    string word1 = "Game";
    string word2("Over");
    string word3(3, '!');

    string phrase = word1 + " " + word2 + word3;
    cout << "The phrase is: " << phrase << "\n\n";

    cout << "The phrase has " << phrase.size() << " characters in it.\n\n";
    cout << "The character at position 0 is: " << phrase[0] << "\n\n";
    cout << "Changing the character at position 0.\n";
    phrase[0] = 'L';
    cout << "The phrase is now: " << phrase << "\n\n";
    for (unsigned int i = 0; i < phrase.size(); ++i)
    {
        cout << "Character at position " << i << " is: " << phrase[i] << endl;
    }
    cout << "\nThe sequence 'Over' begins at location ";
    cout << phrase.find("Over") << endl;
    if (phrase.find("eggplant") == string::npos)
    {
        cout << "'eggplant' is not in the phrase.\n\n";
    }
    phrase.erase(4, 5);
    cout << "The phrase is now: " << phrase << endl;

    phrase.erase(4);
    cout << "The phrase is now: " << phrase << endl;

    phrase.erase();
    cout << "The phrase is now: " << phrase << endl;
    if (phrase.empty())
    {
        cout << "\nThe phrase is no more.\n";
    }
    return 0;
}
```

3.3.2 创建 string 对象

main()函数做的第一件事情就是以 3 种不同方式创建了 3 个字符串。

```
string word1 = "Game";
string word2("Over");
string word3(3, '!');
```

其中第一行简单地使用赋值运算符创建 string 对象 word1，这与之前见过的其他变量的赋值情况一样。因此，word1 的值为"Game"。

第二行创建 word2 的方式是将作为该变量值的 string 对象置于一对括号中。因此，word2 的值为"Over"。

最后一行创建 word3 的方式是在一对括号中置入一个数后再加上一个字符。这样生成的 string 对象由提供给它的字符组成，且长度等于提供的数。因此，word3 的值为"!!!"。

3.3.3 string 对象的连接

接下来，程序通过将前 3 个 string 对象连接起来创建新的 string 对象 phrase：

```
string phrase = word1 + " " + word2 + word3;
```

因此，phrase 的值为"Game Over!!!"。

注意+运算符，以前它只是与数字一起使用，现在也可以用于连接 string 对象。这是因为+运算符被重载了。运算符重载重定义常见的运算符，这样在新的、原来未定义的上下文中，它会起到不同的作用。在这里，代码中的+运算符不是用于将值相加，而是用于连接 string 对象。之所以能这么做，是因为 string 类型明确重载了+运算符，并将其定义为当用于字符串时进行连接操作。

3.3.4 使用 size()成员函数

现在介绍 string 的成员函数。下面的代码使用了成员函数 size()：

```
cout << "The phrase has " << phrase.size() << " characters in it.\n\n";
```

phrase.size() 通过成员选择运算符.（点号）调用 string 对象 phrase 的成员函数 size()。成员函数 size() 仅返回表示 string 对象大小（所包含的字符数）的无符号整型值。因为 string 对象是"Game Over!!!"，该成员函数返回的值为 12（每个字符都要计算在内，包括空格）。当然，调用另一个 string 对象的 size() 返回的字符个数可能不一样，这取决于该 string 对象中字符的个数。

提示

string 对象还包含一个成员函数 length()，同 size() 一样，该函数返回 string 对象中字符的个数。

3.3.5 索引 string 对象

string 对象存储一个 char 型值的序列。给对象提供下标运算符（[]）和索引号就可以访问其中的任意一个 char 型值。这是接下来将介绍的内容：

```
cout << "The character at position 0 is: " << phrase[0] << "\n\n";
```

序列中第一个元素的位置为 0。上面语句中的 phrase[0] 是字符 G。因为计数从 0 开始，所以虽然 string 对象中包含 12 个字符，但是它的最后一个字符是 phrase[11]。

陷阱

经常易犯的一个错误就是忘记索引是从 0 开始的。记住，包含 n 个字符的 string 对象的索引是 0 ~ n-1。

不仅可以通过下标运算符访问 string 对象中的字符，还可以对它们重新赋值，如下所示：

```
phrase[0] = 'L';
```

可以将 phrase 的第一个字符修改为字符 L，这样 phrase 就成了"Lame Over!!!"。

陷阱

当使用 string 对象和下标运算符时，C++ 编译器不执行边界检查。这意味着编译器不检查程序是否试图访问不存在的元素。访问非法的序列元素可能导致灾难性的后果，因为这可能覆盖掉计算机内存中的关键数据。这样可能导致程序崩溃，所以在使用下标运算符访问数据时要小心。

3.3.6 循环访问 string 对象

具备了前面介绍的有关 for 循环和 string 对象的新知识后，循环访问 string 对象中的单个字符就变得非常简单，如下面的代码所示：

```
for (unsigned int i = 0; i < phrase.size(); ++i)
{
    cout << "Character at position " << i << " is: " << phrase[i] << endl;
}
```

循环从 0 开始直到 11，访问了 phrase 的所有合法位置。每次迭代过程中，通过 phrase[i] 显示 string 对象的字符。注意，循环变量 i 是 unsigned int 型的，因为 size() 的返回值是无符号的整型值。

现实世界

序列的循环访问是游戏中一项强大且常用的技术。例如，您也许要在策略游戏中循环访问数以百计的独立单元，更新它们的状态和顺序，或者要循环访问一连串 3D 模型顶点来实现某种几何变换。

3.3.7 使用 find() 成员函数

接下来程序使用成员函数 find() 来检查两个字符串字面值是否包含在 phrase 中。首先检查的是字符串字面值"Over"：

```
cout << "\nThe sequence 'Over' begins at location ";
cout << phrase.find("Over") << endl;
```

find() 成员函数在 string 对象中搜索作为实参提供的"Over"字符串。该成员函数的返回值是要搜索的 string 对象在调用 string 对象中第一次出现的位置。也就是说，phrase.find("Over")返回"Over"在 phrase 中第一次出现的位置。因为 phrase 为"Lame Over!!!"，所以 find() 的返回值为 5（记住，位置从 0 开始，所以 5 表示第 6 个字符）。

但是如果要搜索的字符串在调用字符串中不存在，结果会怎样？下面介绍了处理这种情况的方法：

```
if (phrase.find("eggplant") == string::npos)
{
```

```
        cout << "'eggplant' is not in the phrase.\n\n";
    }
```

因为 phrase 中不存在"eggplant"，所以 find()返回文件 string 中定义的一个特殊常量，该常量通过 string::npos 来访问。因此，屏幕显示消息'eggplant' is not in the phrase.。

通过 string::npos 访问的常量表示 string 对象可能的最大长度。因此，它比对象中的任意可能的合法位置都要大。通俗地讲，它表示"一个不可能存在的位置"。这是说明无法找到子字符串的绝佳返回值。

提示

当使用 find()时，可以提供一个可选实参，用于指定查找子字符串的起始位置。下面一行代码将从 string 对象 phrase 的位置 5 开始查找字符串字面值"eggplant"。

```
location = phrase.find("eggplant", 5);
```

3.3.8 使用 erase()成员函数

erase()成员函数从 string 对象中移除指定的子字符串。调用该成员函数的一个方法是指定子字符串的起始位置和长度，如下面的代码所示：

```
phrase.erase(4, 5);
```

此行代码移除了从位置 4 开始的长度为 5 个字符的子字符串。因为 phrase 为"Lame Over!!!"，所以该成员函数移除子字符串"Over"，结果 phrase 变成了"Lame!!!"。

调用 erase()的另一种方法是只提供子字符串的起始位置。这种方法将把从指定的起始位置开始到 string 对象结尾的全部字符都删除。代码如下所示：

```
phrase.erase(4);
```

此行代码移除 string 对象中从位置 4 开始的全部字符。因为 phrase 为"Lame!!!"，该成员函数将子字符串!!!移除，最后 phrase 变成"Lame"。

还有一种调用 erase()的方法是不提供实参，如下面这行代码所示：

```
phrase.erase();
```

此行代码删除 phrase 中的所有字符。因此，phrase 成为了空字符串""。

3.3.9 使用 empty()成员函数

empty()成员函数返回 bool 型值，如果 string 对象为空，则返回 true，否则返回 false。下面的代码使用了 empty()：

```
if (phrase.empty())
{
    cout << "\nThe phrase is no more.\n";
}
```

因为 phrase 等于空字符串，所以 phrase.empty()返回 true，且屏幕显示消息 The phrase is no more.。

3.4 使用数组

虽然 string 对象提供了非常不错的使用字符序列的方法，但是数组可以用于任意类型的元素。也就是说，可以用数组存储一个整型序列来表示一个高分列表，也能够存储程序员自定义类型的元素，如 RPG 游戏中某个角色可能持有的物品构成的序列。

3.4.1 Hero's Inventory 程序简介

Hero's Inventory 程序维护一个典型 RPG 游戏中主人公的物品栏。像大多数 RPG 游戏一样，主人公来自一个不起眼的小村庄，他的父亲被邪恶的军阀杀害（如果他的父亲不去世的话就没有故事了）。现在主人公已经成年，是时候复仇了。

本程序中，主人公的物品栏用一个数组来表示。该数组是一个 string 对象的序列，每个 string 对象表示主人公拥有的一个物品。主人公可以交易物品，甚至发现新的物品。程序如图 3.4 所示。

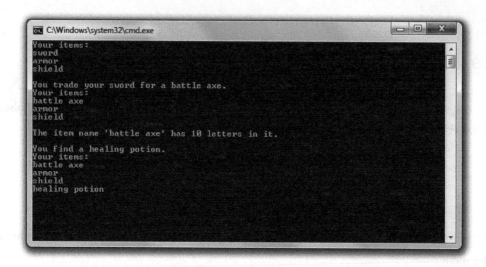

图 3.4　主人公的物品栏是存储在数组中的 string 对象序列

从异步社区网站上可以下载到该程序的代码。程序位于 Chapter 3 文件夹中，文件名为 heros_inventory.cpp。

```cpp
// Hero's Inventory
// Demonstrates arrays

#include <iostream>
#include <string>
using namespace std;
int main()
{
    const int MAX_ITEMS = 10;
    string inventory[MAX_ITEMS];
    int numItems = 0;
    inventory[numItems++] = "sword";
    inventory[numItems++] = "armor";
    inventory[numItems++] = "shield";
    cout << "Your items:\n";
    for (int i = 0; i < numItems; ++i)
    {
        cout << inventory[i] << endl;
    }
    cout << "\nYou trade your sword for a battle axe.";
    inventory[0] = "battle axe";
```

```cpp
    cout << "\nYour items:\n";
    for (int i = 0; i < numItems; ++i)
    {
        cout << inventory[i] << endl;
    }
    cout << "\nThe item name '" << inventory[0] << "' has ";
    cout << inventory[0].size() << " letters in it.\n";
    cout << "\nYou find a healing potion.";
    if (numItems < MAX_ITEMS)
    {
        inventory[numItems++] = "healing potion";
    }
    else
    {
        cout << "You have too many items and can't carry another.";
    }
    cout << "\nYour items:\n";
    for (int i = 0; i < numItems; ++i)
    {
        cout << inventory[i] << endl;
    }
    return 0;
}
```

3.4.2　创建数组

将数组中元素的个数定义为常量是个不错的想法。程序就使用了 MAX_ITEMS 来表示主人公所能携带的最大物品数目：

```cpp
const int MAX_ITEMS = 10;
```

声明数组的方法和声明已见过的变量的方式非常类似：提供一个类型和一个名称。另外，编译器必须知道数组的大小，这样才能预留出需要的内存空间。数组大小的信息可以用方括号括起来，然后置于数组名之后。下面给出声明表示主人公物品栏的数组的方式：

```cpp
string inventory[MAX_ITEMS];
```

上面代码声明了一个大小为 MAX_ITEMS 的 string 对象数组 inventory（因为 MAX_ITEMS 为 10，所以表示 10 个 string 对象）。

陷阱

声明数组的时候，可以通过提供一个初始值列表来对数组进行初始化。初始值列表是用花括号括起来的元素序列，其中元素用逗号隔开。如下例所示：

```
string inventory[MAX_ITEMS] = {"sword", "armor", "shield"};
```

这段代码声明了大小为 MAX_ITEMS 的 string 对象数组 inventory。数组的前 3 个元素初始化为"sword"、"armor"和"shield"。

如果在使用初始值列表的时候忽略元素个数，那么创建的数组大小就等于列表中元素的个数。下面给出一个例子：

```
string inventory[] = {"sword", "armor", "shield"};
```

因为初始值列表中有 3 个元素，因此这行代码创建了一个大小为 3 的数组 inventory，其中元素是"sword"、"armor"和"shield"。

3.4.3 数组的索引

索引数组的方式和索引 string 对象非常类似。可以使用索引号和下标运算符（[]）来访问任意单个元素。

接下来，程序用下标运算符给物品栏添加了 3 个物品：

```
int numItems = 0;
inventory[numItems++] = "sword";
inventory[numItems++] = "armor";
inventory[numItems++] = "shield";
```

程序首先定义了 numItems，它表示主人公当前携带的物品数，然后将"sword"赋值给了数组的位置 0。因为使用的是后置递增运算符，所以数组被赋值后 numItems 才递增。接下来两行将"armor"和"shield"添加到数组中。代码结束后，numItems 理所当然地成为了 3。

主人公已经储备了一些物品，现在显示一下他的物品栏：

```
cout << "Your items:\n";
for (int i = 0; i < numItems; ++i)
{
    cout << inventory[i] << endl;
}
```

这段代码应当让人回忆起字符串索引。代码循环访问 inventory 的前 3 个元素，并按顺序显示每个 string 对象。

接下来，主人公用他的剑换来了一把战斧。这由下面一行代码完成：

```
inventory[0] = "battle axe";
```

这段代码用 string 对象"battle axe"给 inventory 中位置 0 的元素重新赋值。于是，inventory 的前 3 个元素分别为"battle axe"、"armor"和"shield"。

陷阱

数组从 0 开始索引，正如 string 对象一样。也就是说下面代码定义了一个包含 5 个元素的数组：

```
int highScores[5];
```

合法位置从 0 到 4（包括 0 和 4）。不存在元素 highScores[5]！尝试访问 highScores[5] 可能导致灾难性后果，如程序崩溃。

3.4.4　使用数组元素的成员函数

使用数组元素成员函数的方法是写出数组元素，在后面跟上成员选择运算符和成员函数名称。听起来有些复杂，其实不然，如下例所示：

```
cout << inventory[0].size() << " letters in it.\n";
```

代码 inventory[0].size()的意思是程序调用元素 inventory[0]的成员函数 size()。因为此处的 inventory[0]是"battle axe"，所以调用返回该 string 对象的字符个数 10。

3.4.5　数组边界

之前已经介绍过，索引数组时要小心。因为数组的大小是固定的，所以可以创建一个整型常量存储数组的大小。程序的开头部分就采取了这种做法：

```
const int MAX_ITEMS = 10;
```

下面代码在给主人公添加物品之前使用 MAX_ITEMS 进行数组保护：

```
if (numItems < MAX_ITEMS)
{
```

```
        inventory[numItems++] = "healing potion";
    }
    else
    {
        cout << "You have too many items and can't carry another.";
    }
```

这段代码首先检测 numItems 是否小于 MAX_ITEMS。如果小于，则可以安全地把 numItems 当作索引号使用，并赋给数组一个新的 string 对象。

在本例中，numItems 为 3，所以字符串"healing potion"赋给了数组的位置 3。如果不满足小于条件，则显示消息 You have too many items and can't carry another.。

那么，如果使用数组边界以外的元素会怎样？这要视情况而定，因为这是在使用计算机内存中未知的部分。最坏的情况是，如果试图给数组边界外的元素赋值，将导致程序行为不可预测，甚至程序崩溃。

可以在使用索引号之前对其进行测试，以确保它是合法的数组位置。这种做法叫作边界检查。如果要使用的索引可能不合法，那么边界检查是必不可少的。

3.5 理解 C 风格字符串

有 string 对象之前，C++程序员使用以空字符结尾的字符数组表示字符串。这些字符数组现在称为 C 风格字符串，因为这种表示字符串的习惯是从 C 程序开始的。声明和初始化 C 风格字符串的方法和其他数组一样：

```
char phrase[] = "Game Over!!!";
```

C 风格字符串以一个称为空字符的字符结尾。空字符可以写成'\0'。上面的代码不需要使用空字符，因为它已经存储在字符串的结尾处。所以，从技术上而言，phrase 有 13 个元素（然而，使用 C 风格字符串的函数则认为 phrase 的长度为 12，这是合理的，并且与 string 对象的工作原理一致）。

至于其他任意类型的数组，可以在定义时指定数组大小。因此，声明和初始化 C 风格字符串的另一种方式是：

```
char phrase[81] = "Game Over!!!";
```

这行代码创建了一个可以容纳 80 个可打印字符的 C 风格字符串（另外还有一个终止空字符）。

C 风格字符串没有成员函数，但是作为标准库一部分的 cstring 文件中包含了各种使用 C 风格字符串的函数。

string 对象的优点在于，它们被设计为可以和 C 风格字符串很好地结合使用。例如，下面给出的都是 C 风格字符串和 string 对象的合法用法：

```
string word1 = "Game";
char word2[] = " Over";
string phrase = word1 + word2;
if (word1 != word2)
{
    cout << "word1 and word2 are not equal.\n";
}
if (phrase.find(word2) != string::npos)
{
    cout << "word2 is contained in phrase.\n";
}
```

string 对象可以和 C 风格字符串连接起来，但结果仍然是一个 string 对象（所以 char phrase2[] = word1 + word2;会产生错误）。可以使用关系运算符比较 string 对象和 C 风格字符串，甚至还可以将 C 风格字符串用作 string 对象成员函数的实参。

C 风格字符串和数组有共同的缺点，其中最大的一个是它们的长度是固定的。因此，应当遵循的原则是：只要可能就使用 string 对象，但是如果有必要的话，需做好使用 C 风格字符串的准备。

3.6 使用多维数组

如您所见，序列在游戏中用处很大。它们能够以字符串的形式存储玩家的名字，或者以数组的形式存储 RPG 游戏中的物品。但是有时线性列表不能满足游戏中某些部分的迫切需求，所以需要使用更高维的结构。例如，一个含 64 个元素的数组可以用来表示棋盘，但是 8×8 元素构成的二维实体用起来则更加直观。幸运的是，可以使用二维或三维（甚至更高维）数组来最好地满足游戏的需求。

3.6.1 Tic-Tac-Toe Board 程序简介

Tic-Tac-Toe Board 程序显示了一个井字棋游戏棋盘。程序显示棋盘并宣布 X 为获胜者。

尽管可以用一维数组来编写，但程序使用了二维数组来表示棋盘。程序如图 3.5 所示。

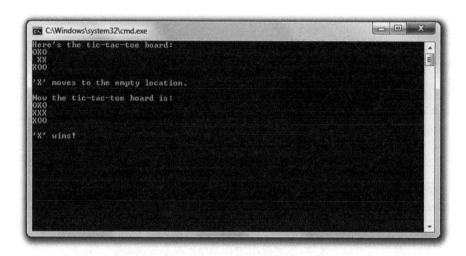

图 3.5　井字棋游戏棋盘用二维数组表示

从异步社区网站上可以下载到该程序的代码。程序位于 Chapter 3 文件夹中，文件名为 tic-tac-toe_board.cpp。

```cpp
// Tic-Tac-Toe Board
// Demonstrates multidimensional arrays
#include <iostream>
using namespace std;
int main()
{
    const int ROWS = 3;
    const int COLUMNS = 3;
    char board[ROWS][COLUMNS] = { {'O', 'X', 'O'},
                                  {' ', 'X', 'X'},
                                  {'X', 'O', 'O'} };
    cout << "Here's the tic-tac-toe board:\n";
    for (int i = 0; i < ROWS; ++i)
    {
```

```
        for (int j = 0; j < COLUMNS; ++j)
        {
            cout << board[i][j];
        }
        cout << endl;
    }
    cout << "\n'X' moves to the empty location.\n\n";
    board[1][0] = 'X';
    cout << "Now the tic-tac-toe board is:\n";
    for (int i = 0; i < ROWS; ++i)
    {
        for (int j = 0; j < COLUMNS; ++j)
        {
            cout << board[i][j];
        }
        cout << endl;
    }
    cout << "\n'X' wins!";
    return 0;
}
```

3.6.2　创建多维数组

程序做的第一件事情是为井字棋游戏棋盘声明和初始化一个数组：

```
char board[ROWS][COLUMNS] = { {'O', 'X', 'O'},
                              {' ', 'X', 'X'},
                              {'X', 'O', 'O'} };
```

代码声明了一个 3×3（因为 ROWS 和 COLUMNS 都为 3）的二维字符数组，并初始化了所有元素。

提示

可以只声明而不初始化多维数组。如下例所示：

```
char chessBoard[8][8];
```

上面的代码声明了一个 8×8 的二维字符数组 chessBoard。另外，多维数组的每维大小不一定要一样。下面用单个字符表示游戏地图的声明是完全合法的：

```
char map[12][20];
```

3.6.3 多维数组的索引

程序接下来做的是显示井字棋游戏的棋盘。但是在深入其细节之前，先介绍索引单个数组元素的方法。为数组的每一维提供一个值可以索引多维数组中的单个元素。在把数组中的空格替换成 X 时就使用了这种方法：

```
board[1][0] = 'X';
```

上面的代码将字符 X 赋给元素 board[1][0]（原本是' '）。这步操作之后，程序以之前同样的方式显示了井字棋游戏的棋盘。

```
for (int i = 0; i < ROWS; ++i)
{
    for (int j = 0; j < COLUMNS; ++j)
    {
        cout << board[i][j];
    }
    cout << endl;
}
```

通过一对嵌套 for 循环，程序遍历了整个二维数组，并显示字符元素，形成了井字棋游戏的棋盘。

3.7　Word Jumble 程序简介

Word Jumble 是一个益智游戏，它让计算机生成字母乱序后的单词供玩家猜测。玩家要赢得游戏，必须猜对单词。如果玩家遇到困难，可以请求提示。游戏如图 3.6 所示。

现实世界

尽管益智游戏通常不会打入十佳游戏榜，但是一些主要的游戏公司还是在年复一年地发布它们。为什么？原因很简单：它们有利可图。益智游戏虽然不是什么重磅级游戏，但它们依然卖得很好。在游戏产业背后有很多玩家（偶尔玩的和游戏发烧友），他们被设计精良的益智游戏深深吸引着。而且益智游戏与需要大型开发团队以及多年开发时间的大型游戏比起来，开发的成本要小得多。

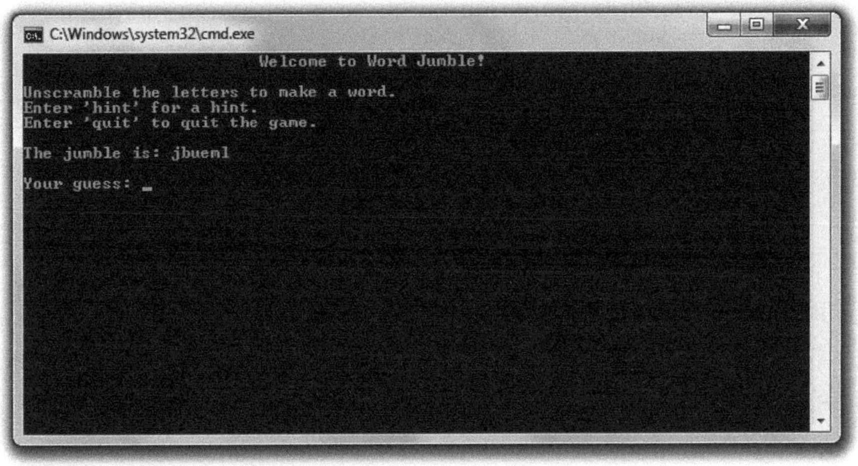

图 3.6 嗯……单词好像是 "jumbled"

3.7.1 创建程序

像往常一样，程序以注释和需要的头文件开始。从异步社区网站上可以下载到该程序的代码。程序位于 Chapter 3 文件夹中，文件名为 word_jumble.cpp。

```cpp
// Word Jumble
// The classic word jumble game where the player can ask for a hint
#include <iostream>
#include <string>
#include <cstdlib>
#include <ctime>

using namespace std;
```

3.7.2 选择单词

接下来的任务是选择一个单词来打乱顺序，玩家将要猜的就是这个单词。首先，程序创建了一个单词列表以及提示：

```cpp
int main()
{
    enum fields {WORD, HINT, NUM_FIELDS};
```

```
const int NUM_WORDS = 5;
const string WORDS[NUM_WORDS][NUM_FIELDS] =
{
    {"wall", "Do you feel you're banging your head against something?"},
    {"glasses", "These might help you see the answer."},
    {"labored", "Going slowly, is it?"},
    {"persistent", "Keep at it."},
    {"jumble", "It's what the game is all about."}
};
```

程序用单词和相应的提示声明并初始化了一个二维数组。枚举类型定义了用于访问数组的枚举数。例如，WORDS[x][WORD]总是表示单词的 **string** 对象，而 WORDS[x][HINT]则是相应的提示。

技巧

还可以很方便地在枚举类型中最后添加一个枚举数，用来存储元素的个数，如下例所示：

```
enum difficulty {EASY, MEDIUM, HARD, NUM_DIFF_LEVELS};
cout << "There are " << NUM_DIFF_LEVELS << " difficulty levels.";
```

上面的代码中 NUM_DIFF_LEVELS 为 3，恰好是枚举类型中难度等级的数目。因此，代码第二行显示消息 There are 3 difficulty levels.。

接下来随机地选择一个单词。

```
srand(static_cast<unsigned int>(time(0)));
int choice = (rand() % NUM_WORDS);
string theWord = WORDS[choice][WORD];  //word to guess
string theHint = WORDS[choice][HINT];  //hint for word
```

上面的代码基于数组中单词的数目生成了一个随机索引号，然后将该索引处的单词和相应提示赋值给了变量 theWord 和 theHint。

3.7.3 单词乱序

有了给玩家猜测的单词后，现在需要生成一个该单词的乱序版本。

```
string jumble = theWord;  //jumbled version of word
int length = jumble.size();
for (int i = 0; i < length; ++i)
```

```
    {
        int index1 = (rand() % length);
        int index2 = (rand() % length);
        char temp = jumble[index1];
        jumble[index1] = jumble[index2];
        jumble[index2] = temp;
    }
```

上面的代码将单词复制到 jumble 用于乱序。程序生成了 string 对象中的两个随机位置，并交换这两个位置的字符。交换操作的次数等于单词的长度。

3.7.4 欢迎界面

现在该欢迎玩家了，做法如下：

```
cout << "\t\t\tWelcome to Word Jumble!\n\n";
cout << "Unscramble the letters to make a word.\n";
cout << "Enter 'hint' for a hint.\n";
cout << "Enter 'quit' to quit the game.\n\n";
cout << "The jumble is: " << jumble;
string guess;
cout << "\n\nYour guess: ";
cin >> guess;
```

这段程序告诉玩家游戏的操作指南，包括如何退出和如何请求提示。

提示

无论游戏多么吸引人，还是应当给玩家提供退出游戏的方式。

3.7.5 进入游戏主循环

接下来，程序进入游戏主循环。

```
while ((guess != theWord) && (guess != "quit"))
{
    if (guess == "hint")
    {
        cout << theHint;
    }
    else
```

```
        {
            cout << "Sorry, that's not it.";
        }
        cout <<"\n\nYour guess: ";
        cin >> guess;
    }
```

循环不断要求玩家猜测单词，直到玩家猜对单词或要求退出。

3.7.6　游戏结束

当循环结束时，玩家获胜或者退出。因此，应该向玩家说再见。

```
    if (guess == theWord)
    {
        cout << "\nThat's it! You guessed it!\n";
    }
    cout << "\nThanks for playing.\n";
    return 0;
}
```

如果玩家猜中了单词，我们就祝贺他（或她）。最后，感谢玩家参与这个游戏。

3.8　本章小结

本章介绍了以下概念：

- for 循环可以重复执行代码段。在 for 循环中，可以提供初始化语句、测试表达式和在每次循环迭代后执行的动作语句。
- for 循环经常用于对序列进行计数或遍历序列。
- 对象是组合了数据（称为**数据成员**）和函数（称为**成员函数**）的经过封装的聚合体。
- string 对象定义在文件 string 中，是标准库的一部分。string 对象用于存储字符序列，并且有成员函数。
- string 的定义方式使它可以直观地与已知的一些运算符一起使用，如连接运算符和关系运算符。

- 所有 string 对象都有成员函数。这些成员函数可以获取 string 对象的长度，检查字符串是否为空，查找子字符串以及移除子字符串。
- 数组提供了存储和访问任意类型序列的方法。
- 数组的局限在于它们的长度是固定的。
- 使用下标运算符可以访问 string 对象和数组中的单个元素。
- 在试图访问 string 对象或数组中的某个元素时，边界检查没有被强制实现。因此，边界检查要由程序员完成。
- C 风格字符串是以空字符结尾的字符数组，而且是 C 语言中表示字符串的标准方法。尽管在 C++中使用 C 风格字符串是完全合法的，但使用 string 对象操作字符序列的方式更为可取。
- 多维数组可以用多个下标来访问数组元素。例如，棋盘可以表示成包含 8×8 个元素的二维数组。

3.9　问与答

问：while 循环和 for 循环哪个更好？

答：两种循环本身无所谓哪种更好。应使用最符合需求的循环。

问：什么时候更应当使用 for 循环而不是 while 循环？

答：while 循环能完成 for 循环可以完成的所有任务。然而，有些情况下特别需要使用 for 循环，如计数和遍历序列。

问：可以在 for 循环中使用 break 和 continue 语句吗？

答：当然可以，而且它们的作用和在 while 循环中一样——break 用于终止循环，continue 用于将控制跳转到循环的顶部。

问：为什么程序员倾向于使用 i、j 和 k 这样的变量名作为 for 循环的计数器？

答：您可能不相信，程序员使用 i、j 和 k 主要是出于传统的原因。该传统始于 FORTRAN 语言的早期版本，当时的整型变量必须以特定字母开头，包括 i、j 和 k。

问：不需要包含头文件就可以使用 int 或 char 类型，那么使用字符串时为什么要包含 string 文件？

答：int 和 char 是内置类型，它们在 C++程序中总是可用的。另一方面，string 类型不是内置类型，它作为标准库的一部分定义在文件 string 中。

问：C 风格字符串这个名字源自哪里？

答：C 语言中，程序员使用以空字符结尾的字符数组来表示字符串。这种做法延续到了 C++ 中。在 C++ 引入新的 string 类型后，程序员需要将这两者区分开来。因此，就将早期的表示方法称为 C 风格字符串。

问：为什么应当使用 string 对象而不是 C 风格字符串？

答：string 对象对比 C 风格字符串有其优势。最明显的一点在于，它的大小可动态调整。使用 string 时不用指定长度限制。

问：难道就不应当使用 C 风格字符串吗？

答：只要可能就尽量使用 string 对象。如果您正从事的项目中使用的是 C 风格字符串，那么可能就必须使用它了。

问：什么是运算符重载？

答：运算符重载允许在不同的上下文中对常见运算符的用法进行重定义。重定义的结果虽然不同，但却是可预见的。例如，用于将两数相加的+运算符被 string 类型重载，以实现字符串的连接。

问：运算符重载不会造成混淆吗？

答：运算符重载确实给运算符定义了新的含义，但是这个新的含义只在特殊的上下文中才有效。例如，表达式 4+6 中的+运算符很明显将两数相加，而在表达式 myString1+myString2 中的+运算符则用于连接字符串。

问：可以使用+=运算符连接字符串吗？

答：可以。+=运算符已经过重载，可以用于字符串。

问：应当使用 length() 成员函数还是 size() 成员函数来获取 string 对象中字符的数目？

答：length() 和 size() 返回的值相同，都可以使用。

问：什么是判定函数？

答：判定函数是指返回 true 或 false 的函数。string 对象的成员函数 empty() 就是一个判定函数。

问：如果试图给数组边界外的元素赋值会怎样？

答：C++ 允许这样的赋值。然而，结果会不可预测，而且可能导致程序崩溃。因为这样更改了计算机内存中某些未知部分。

问：为什么应当使用多维数组？

答：这是为了让一组元素使用起来显得更加直观。例如，可以用一维数组表示棋盘，如 chessBoard[64]；也可以用更加直观的二维数组表示，如 chessBoard[8][8]。

3.10 问题讨论

1. 您最喜欢的游戏中哪些事物可以表示成对象？它们的数据成员和成员函数可能会是怎样？

2. 对比一组独立的变量，使用数组的优势是什么？

3. 数组的固定大小引起的局限性是什么？

4. 运算符重载的优势与劣势是什么？

5. 把 string 对象、数组和 for 循环作为主要工具，能创建出什么样的游戏？

3.11 习题

1. 增添计分系统来改进 Word Jumble 游戏。基于单词的长度设置分数。如果玩家请求提示则扣分。

2. 下面的代码有什么问题？

```
for (int i = 0; i <= phrase.size(); ++i)
{
    cout << "Character at position " << i << " is: " << phrase[i] << endl;
}
```

3. 下面的代码有什么问题？

```
const int ROWS = 2;
const int COLUMNS = 3;
char board[COLUMNS][ROWS] = { {'O', 'X', 'O'},
                             {' ', 'X', 'X'} };
```

第 **4** 章
标准模板库：Hangman

到目前为止，我们已经介绍了如何使用数组表示值序列。但是还有更高级的使用元素集合的方法。实际上，由于经常要使用集合，所以标准 C++中有一部分专门用于完成这项工作。本章将介绍该重要的库。具体而言，本章内容如下：

- 使用 vector 对象表示值序列；
- 使用 vector 成员函数对序列元素进行操作；
- 使用迭代器对序列进行循环访问；
- 使用库算法对一组元素进行操作；
- 使用伪代码设计程序。

4.1 标准模板库简介

优秀的游戏程序员都很懒。这并不是指他们不愿意工作，而是表示他们不愿意重复劳动，尤其是那些已经被很好地完成的任务。**标准模板库**（Standard Template Library，STL）代表一个强大的、已经被很好地完成的编程任务的集合。它提供了一组容器、算法和迭代器等。

那么，什么是容器？它对编写游戏有何帮助？容器可以用于存储和访问同一类型值的集合。数组也能做到这一点，但是与简单但忠实的数组比起来，STL 容器更灵活且更强大。STL 定义了各种容器类型，每种容器的工作原理不同，可以满足不同的需求。

STL 中定义的算法和容器一起使用。**算法**是游戏程序员在处理一组组数据时经常重复使用的函数，包括排序、查找、复制、合并、插入以及移除容器元素。算法的妙处在于，同一个算法可以用于处理多种不同的容器类型。

迭代器是标识容器中不同元素的对象，能够用来在元素间移动。它对于循环访问容器非常有用。另外，STL 算法需要使用迭代器。

看到某个容器类型的具体实现后，以上内容将显得更有意义。下面开始介绍容器类型。

4.2 使用 vector

vector 类定义了 STL 提供的一种容器。它满足**动态数组**（大小根据需要增长和缩小的数组）的一般性描述。另外，vector 还定义了用于操作向量（vector）元素的成员函数。也就是说，向量实现了比数组的全部还多的功能。

到此为止，您可能会想：既然已经能使用数组，为何还需要这些复杂的新向量？对比数组，向量有其优势，包括以下两点：

- 向量可以根据需要增长，而数组不能。这意味着如果在游戏中使用一个向量存储敌人的对象，它的大小可以增长以适应创建的敌人的数目。如果使用数组，就必须创建一个能存储最大数目敌人的数组。如果在游戏过程中，数组所需空间比预想的要大，那就非常不妙了。
- 向量可以和 STL 算法一起使用，但数组不能。这意味着使用向量就获得了如查找排序这样复杂的内置功能。如果使用数组，必须自行编写实现这些功能的代码。

对比数组，向量还是有一些缺点，包括以下 3 点：

- 向量需要一些额外的内存开销。
- 向量大小增长时可能会带来性能上的损失。
- 在某些游戏控制台系统下可能无法使用向量。

综上所述，向量（还有 STL）在大多数项目中是很受欢迎的工具。

4.2.1 Hero's Inventory 2.0 程序简介

从用户的角度看，Hero's Inventory 2.0 程序与它的前身、第 3 章中的 Hero's Inventory 程序很相似。新版程序存储和使用 string 对象集合来表示主人公的物品栏。然而，从程序员的角度出发，两个程序迥然不同。原因在于，新程序使用向量而不是数组来表示物品栏。该程序的结果如图 4.1 所示。

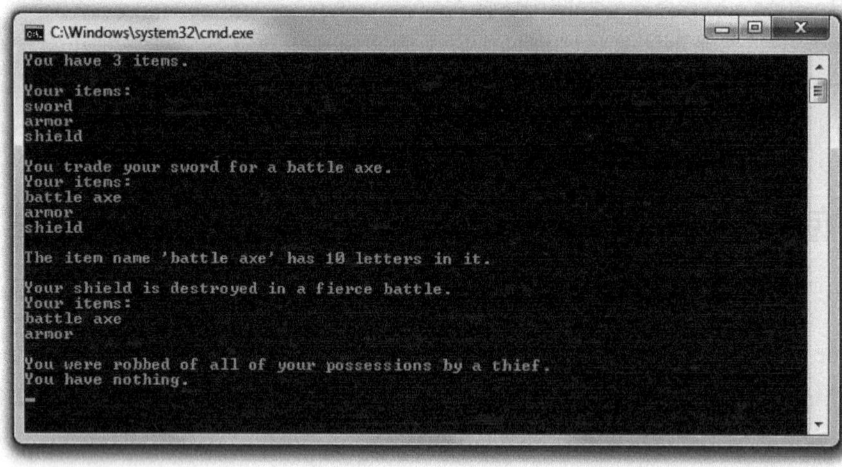

图 4.1　这一次主人公的物品栏用向量表示

从异步社区网站上可以下载该程序的代码。程序位于 **Chapter 4** 文件夹中，文件名为
heros_inventory2.cpp。

```cpp
// Hero's Inventory 2.0
// Demonstrates vectors

#include <iostream>
#include <string>
#include <vector>

using namespace std;
int main()
{
    vector<string> inventory;
    inventory.push_back("sword");
    inventory.push_back("armor");
    inventory.push_back("shield");
    cout << "You have " << inventory.size() << " items.\n";
    cout << "\nYour items:\n";
    for (unsigned int i = 0; i < inventory.size(); ++i)
    {
        cout << inventory[i] << endl;
    }
    cout << "\nYou trade your sword for a battle axe.";
    inventory[0] = "battle axe";
    cout << "\nYour items:\n";
    for (unsigned int i = 0; i < inventory.size(); ++i)
    {
```

```
        cout << inventory[i] << endl;
    }
    cout << "\nThe item name '" << inventory[0] << "' has ";
    cout << inventory[0].size() << " letters in it.\n";
    cout << "\nYour shield is destroyed in a fierce battle.";
    inventory.pop_back();
    cout << "\nYour items:\n";
    for (unsigned int i = 0; i < inventory.size(); ++i)
    {
        cout << inventory[i] << endl;
    }
    cout << "\nYou were robbed of all of your possessions by a thief.";
    inventory.clear();
    if (inventory.empty())
    {
        cout << "\nYou have nothing.\n";
    }
    else
    {
        cout << "\nYou have at least one item.\n";
    }
    return 0;
}
```

4.2.2 使用向量的准备工作

在声明一个向量之前，必须将含有其定义的头文件包含进来：

```
#include <vector>
```

STL 中的所有组件都属于 std 名称空间，因此通过使用下面这行代码，引用 vector 时就不必使用前缀 std::了。

```
using namespace std;
```

4.2.3 向量的声明

main()函数做的第一件事情即为声明一个新的向量。

```
vector<string> inventory;
```

上面一行代码声明了一个可以包含 string 对象元素的名为 inventory 的空向量。声明空向量没有问题，因为当增加新元素时，其大小会增长。

要声明自己的向量，在 vector 后面加上需要使用的对象类型（用<和>括起来），然后加上向量的名称。

> *声明向量还有其他方法。可以声明有初始大小的向量，方法是在向量名后面的括号中指定一个值。*
>
> ```
> vector<string> inventory(10);
> ```
>
> *上面一行代码声明了一个存储 string 对象元素且初始大小为 10 的向量。还可以在声明向量时用相同的值初始化向量的所有元素。只需要在元素数目之后再提供一个初始值，如下所示：*
>
> ```
> vector<string> inventory(10, "nothing");
> ```
>
> *上面一行代码声明了一个大小为 10 的向量，且全部 10 个元素都初始化为 "nothing"。最后，还可以用另一个向量的内容声明和初始化一个向量。*
>
> ```
> vector<string> inventory(myStuff);
> ```
>
> *上面一行代码创建了一个新的向量，其内容和向量 myStuff 相同。*

4.2.4　使用 push_back()成员函数

接下来，与前一版本的程序一样，程序给主人公同样的 3 个初始物品。

```
inventory.push_back("sword");
inventory.push_back("armor");
inventory.push_back("shield");
```

push_back()成员函数在向量的最后添加一个新的元素。上面几行代码将"sword""armor"和"shield"添加至 inventory 中。因此，inventory[0]等于"sword"，inventory[1]等于"armor"，inventory[2]等于"shield"。

4.2.5　使用 size()成员函数

接下来，程序显示主人公拥有的物品数目。

```
cout << "You have " << inventory.size() << " items.\n";
```

通过 inventory.size()调用 size()成员函数可以获取 inventory 的大小。size()成员函数仅仅返回向量的大小。在本例中，返回值是 3。

4.2.6 向量的索引

接下来，程序显示了主人公的全部物品。

```
cout << "\nYour items:\n";
for (unsigned int i = 0; i < inventory.size(); ++i)
{
    cout << inventory[i] << endl;
}
```

正如数组一样，可以通过下标运算符对向量进行索引。实际上，上面的代码和原始 Hero's Inventory 程序中的代码几乎一模一样。唯一的区别在于，此处使用 inventory.size()来指定循环终止的时刻。注意，循环变量 i 是 unsigned int 型，因为 size()的返回值是无符号整型。

接下来，程序替换了主人公的第一个物品。

```
inventory[0] = "battle axe";
```

还是和数组一样，此处使用下标运算符为已存在元素的位置赋予新的值。

陷阱

尽管向量是动态的，但不可以使用下标运算符增加向量的大小。例如，下面的代码非常危险，并且无法增加向量 inventory 的大小：

```
vector<string> inventory; //creating an empty vector
inventory[0] = "sword";  //may cause your program to crash!
```

正如数组一样，可以尝试访问不存在的元素位置，但这有潜在的灾难性后果。上面的代码更改了计算机内存中的某个未知部分，可能导致程序崩溃。如果要在向量的最后添加新元素，请使用 push_back()成员函数。

4.2.7 调用元素的成员函数

接下来，程序显示了主人公物品栏中第一个物品名称的字母数目。

```
cout << inventory[0].size() << " letters in it.\n";
```

正如数组一样，可以通过在向量元素后面加上成员选择运算符和成员函数名来访问其成员函数。因为 inventory[0] 等于"battle axe"，所以 inventory[0].size() 的返回值为 10。

4.2.8　使用 pop_back() 成员函数

下面的代码移除了主人公的盾牌。

```
inventory.pop_back();
```

pop_back() 成员函数移除向量的最后一个元素，并且将其大小减 1。上面的代码中，inventory.pop_back() 从 inventory 中移除了"shield"，因为它是该向量的最后一个元素。而且，inventory 的大小从 3 减少到 2。

4.2.9　使用 clear() 成员函数

接下来，程序模拟了窃贼将主人公物品全部劫走的行为。

```
inventory.clear();
```

clear() 成员函数移除了向量的全部元素，并将其大小设置为 0。在这行代码执行过后，inventory 成为一个空向量。

4.2.10　使用 empty() 成员函数

最后，程序检查主人公物品栏中是否还有任何物品。

```
if (inventory.empty())
{
    cout << "\nYou have nothing.\n";
}
else
{
    cout << "\nYou have at least one item.\n";
}
```

vector 的成员函数 empty() 的作用和 string 的成员函数 empty() 一样。如果 vector 对象为空，则返回 true；否则返回 false。因为 inventory 在此处为空，所以程序显示消息"You have nothing."。

4.3　使用迭代器

迭代器是将容器的潜力发挥到极致的关键。迭代器可以用于循环访问序列容器。另外，STL 的某些重要部分需要用到迭代器。许多容器的成员函数和 STL 算法将迭代器作为其实参。因此，如果希望从成员函数和算法中获益，就必须使用迭代器。

4.3.1　Hero's Inventory 3.0 程序简介

Hero's Inventory 3.0 程序至少在一开始同它的两个前身的行为是一样的。该程序列出所有物品，替换掉第一个物品，然后显示某个物品名称的字母数目。但是，该程序此后做出一些新的操作：在向量的起始位置插入一个元素，然后从向量中间移除一个元素。这些都是通过迭代器来完成的。程序的运行示例如图 4.2 所示。

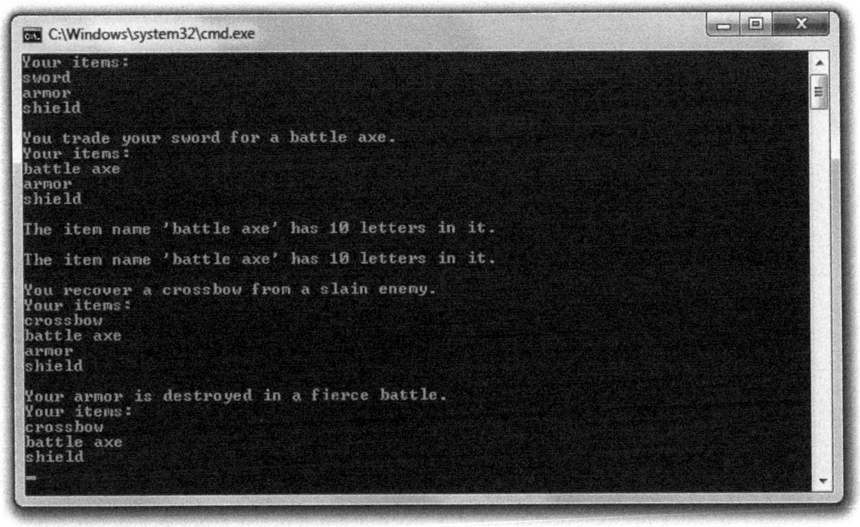

图 4.2　程序实现了一些只能用迭代器完成的向量操作

从异步社区网站上可以下载该程序的代码。程序位于 Chapter 4 文件夹中，文件名为 heros_inventory3.cpp。

```cpp
// Hero's Inventory 3.0
// Demonstrates iterators

#include <iostream>
#include <string>
#include <vector>
using namespace std;
int main()
{
    vector<string> inventory;
    inventory.push_back("sword");
    inventory.push_back("armor");
    inventory.push_back("shield");
    vector<string>::iterator myIterator;
    vector<string>::const_iterator iter;
    cout << "Your items:\n";
    for (iter = inventory.begin(); iter != inventory.end(); ++iter)
    {
        cout << *iter << endl;
    }
    cout << "\nYou trade your sword for a battle axe.";
    myIterator = inventory.begin();
    *myIterator = "battle axe";
    cout << "\nYour items:\n";
    for (iter = inventory.begin(); iter != inventory.end(); ++iter)
    {
        cout << *iter << endl;
    }
    cout << "\nThe item name '" << *myIterator << "' has ";
    cout << (*myIterator).size() << " letters in it.\n";
    cout << "\nThe item name '" << *myIterator << "' has ";
    cout << myIterator->size() << " letters in it.\n";
    cout << "\nYou recover a crossbow from a slain enemy.";
    inventory.insert(inventory.begin(), "crossbow");
    cout << "\nYour items:\n";
    for (iter = inventory.begin(); iter != inventory.end(); ++iter)
    {
        cout << *iter << endl;
    }
    cout << "\nYour armor is destroyed in a fierce battle.";
    inventory.erase((inventory.begin() + 2));
    cout << "\nYour items:\n";
    for (iter = inventory.begin(); iter != inventory.end(); ++iter)
    {
```

```
            cout << *iter << endl;
    }
    return 0;
}
```

4.3.2　迭代器的声明

程序为主人公的物品栏声明了一个向量,然后添加与之前程序相同的 3 个 string 对象。在此之后,又声明了一个迭代器:

```
vector<string>::iterator myIterator;
```

这行代码为包含 string 对象的向量声明了一个名为 **myIterator** 的迭代器。如果要声明自己的迭代器,按照下面的模式操作:先写下容器类型,接着是容器包含的对象的类型(用<和>括起来),然后是作用域解析运算符(符号::),最后是 **iterator** 和新迭代器的名称。

那么何谓迭代器?**迭代器**是标识容器中某个特定元素的值。给定一个迭代器,可以访问元素的值;给定正确类型的迭代器,就可以修改其值。迭代器还可以通过常见的算术运算符在元素之间移动。

可以将迭代器想象成贴在容器中某个特定元素上的便签。迭代器虽然不是元素本身,但它是引用元素的一种方式。具体而言,我们可以使用 **myIterator** 引用向量 inventory 中的特定元素。即可将 **myIterator** 便签贴在向量 inventory 中的特定元素上。一旦贴上以后,就能够通过该迭代器访问甚至修改相应元素。

接下来,声明另一个迭代器:

```
vector<string>::const_iterator iter;
```

上面的代码为一个包含 string 对象的向量创建了名为 iter 的常量迭代器。除了不能用来修改其引用的元素以外,**常量迭代器**与常规迭代器几乎一样。由常量迭代器引用的元素必须保持不变。可以将常量迭代器想象成提供了只读访问权限。然而,迭代器自身可以改变。即如果需要,可以让 iter 在向量 inventory 之中移动。然而,无法通过 iter 修改任何元素的值。使用常量迭代器,便签的位置可以改变,但是被便签标记的元素不能改变。

如果常量迭代器是带限制的常规迭代器,为何还要使用它们?首先,这使程序的意图比较清晰。在使用常量迭代器时,很显然不需要修改它引用的元素。其次,这样更加安全。使用常量迭代器能够避免容器元素的意外修改(如果试图通过常量迭代器修改元素,编译器将会报错)。

陷阱

使用 push_back()可能使引用向量的所有迭代器无效。

觉得这些关于迭代器的内容太抽象？或是厌烦了便签的比喻？不用担心，接下来我们将真正使用到迭代器。

4.3.3 循环访问向量

接下来，程序循环访问了向量的内容，并且显示了主人公的物品栏。

```
cout << "Your items:\n";
for (iter = inventory.begin(); iter != inventory.end(); ++iter)
    cout << *iter << endl;
```

上面的代码使用 for 循环从 inventory 的第一个元素访问到最后一个。总体而言，其循环访问向量内容的方式和程序 Hero's Inventory 2.0 中的相同。但 Hero's Inventory 2.0 程序的访问方法是使用一个整数和下标运算符，而此处用到了迭代器。基本上，就是把便签在整个元素序列上移动了一遍，并且显示了便签标记的每个元素的值。该循环虽小，但新的概念较多，下面对这些概念一一进行讲解。

1. 调用向量成员函数 begin()

循环的初始化语句将 inventory.begin()的返回值赋给 iter。成员函数 begin()返回的迭代器引用容器中的第一个元素。所以在本例中，该语句将引用 inventory 第一个元素（等于"sword"的 string 对象）的迭代器赋值给 iter。图 4.3 抽象地表示了调用 inventory.begin()返回的迭代器（注意，此图只是抽象的表示，因为向量 inventory 不包含字符串字面值"sword""armor"和"shield"，而是包含 string 对象）。

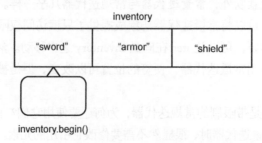

图 4.3 调用 inventory.begin()返回的迭代器引用向量中第一个元素

2. 调用向量成员函数 end()

此循环的测试表达式比较了 inventory.end()的返回值和 iter，以确保两者不相等。end()成员函数返回容器中最后一个元素之后的一个迭代器。即循环将继续下去，直到 iter 经过了 inventory 中的所有元素。图 4.4 抽象地表示了调用该成员函数返回的迭代器（注意，此图只是抽象的表示，因为向量 inventory 不包含字符串字面值"sword""armor"和"shield"，而是包含 string 对象）。

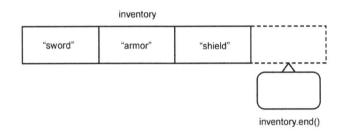

图 4.4　调用 inventory.end()返回向量中最后一个元素之后的迭代器

陷阱

vector 的成员函数 end()返回的迭代器指向向量中最后一个元素之后 —— 而不是最后一个元素。因此，无法从 end()返回的迭代器获得元素值。这可能看起来有悖直观，但是能很好地用于遍历容器的循环之中。

3. 迭代器的更新

循环中的行为表达式++iter 对 iter 进行递增操作，即将它从向量中的一个元素移动到下一个元素。视迭代器而定，还可以对它进行其他数学运算来使其在容器中移动。然而在大多数情况下，您会发现只需要递增操作。

4. 迭代器的解引用

程序在循环体中将*iter 发送给 cout。将解引用运算符*置于 iter 之前，这样就可以显示该迭代器引用的元素（不是迭代器自身）的值。这样做相当于在告诉程序："将它当作迭代器引用的内容来对待，而不是迭代器自身。"

4.3.4　修改向量元素的值

接下来，程序将向量的第一个元素从值为"sword"的 string 对象修改为值为"battle axe"的 string 对象。首先，程序设置 myIterator，使其引用 inventory 的第一个元素。

```
myIterator = inventory.begin();
```

然后修改第一个元素的值。

```
*myIterator = "battle axe";
```

上面的赋值语句通过*对 **myIterator** 解引用，意思是："将"battle axe"赋值给 **myIterator** 引用的元素。"赋值语句不会修改 **myIterator**。该语句执行之后，**myIterator** 仍然引用向量的第一个元素。

为了证明赋值成功，代码显示了 **inventory** 的全部元素。

4.3.5　访问向量元素的成员函数

接下来，程序显示主人公物品栏中第一个物品名称所含字符的数目。

```
cout << "\nThe item name '" << *myIterator << "' has ";
cout << (*myIterator).size() << " letters in it.\n";
```

代码（*myIterator）.size()的意思是："调用 **myIterator** 解引用后所得对象的成员函数 size()。"因为 **myIterator** 引用的 **string** 对象等于"battle axe"，所以代码返回值 10。

提示

> 无论何时要通过对迭代器解引用来访问数据成员或成员函数，请用一对圆括号将解引用后的迭代器括起来，这样可以确保点运算符应用到迭代器引用的对象。

代码（*myIterator）.size()不是最优雅的写法，因此 C++提供了一种可选的、更直观的方式完成相同的任务，如下面两行代码所示：

```
cout << "\nThe item name '" << *myIterator << "' has ";
cout << myIterator->size() << " letters in it.\n";
```

与本小节第一次出现的两行代码相比，上面两行代码完成了相同的任务。它们都显示了 "battle axe" 中字符的数目。然而，请注意，此处用 **myIterator->size()** 替换了 (*myIterator).size()。

我们发现替换后的代码更具可读性。对于计算机来说，两个代码块的意思完全一样，但是新版本让人易于使用。一般而言，可以使用 – >运算符访问迭代器引用对象的成员函数或数据成员。

提示

语法糖是一种更好的、可选的语法，它用易于理解的语法来代替晦涩的语法。例如，不将代码写作(*myIterator).size()，而是使用 –>运算符提供的语法糖，将代码写作 myIterator->size()。

4.3.6 使用向量的成员函数 insert()

接下来，程序给主人公的物品栏添加了一个新物品。然而，此次不是将物品添加至序列的结尾处，而是添加至序列的开头。

```
inventory.insert(inventory.begin(), "crossbow");
```

有一种形式的 insert()成员函数将新元素插入至向量中给定迭代器引用的元素之前。此种形式的 insert()需要两个实参：第一个为一个迭代器，第二个为需要插入的元素。在本例中，程序将"crossbow"插入至 inventory 中第一个元素之前。因此，所有其他元素将下移一位。此种形式的 insert()成员函数返回一个迭代器，它引用新插入的元素。在本例中，程序没有将返回的迭代器赋值给任何变量。

陷阱

对向量调用 insert()成员函数会使所有引用了插入点之后的元素的迭代器失效，因为所有插入点之后的元素都下移了一位。

接下来，程序显示了向量的内容，证明插入成功。

4.3.7 使用向量的成员函数 erase()

接下来，程序从主人公的物品栏中移除了一个物品。然而，此次移除的不是处于序列结尾处的物品，而是处于中间的物品。

```
inventory.erase((inventory.begin() + 2));
```

有一种形式的 erase()成员函数可以从向量中移除一个元素。该形式的 erase()接受一个实参：引用需要移除元素的迭代器。本例中，传递的实参(inventory.begin()+2)等于引用 inventory 中第三个元素的迭代器。于是程序移除了等于"armor"的 string 对象。因此，所有随后的元素都上移一位。该形式的 erase()成员函数返回一个迭代器，它引用移除的元素之后的那个元素。本例中，程序没有将返回的迭代器赋值给任何变量。

陷阱

对向量调用 erase()成员函数会使所有引用了移除点之后的元素的迭代器失效，因为所有移除点之后的元素都上移了一位。

接下来，程序显示了向量的内容，证明移除成功。

4.4　使用算法

STL 定义了一组算法。这些算法可以通过迭代器来操作容器中的元素。STL 实现了用于完成一些常见任务的算法，如查找、乱序和排序。这些算法是内置的灵活而高效的工具。使用它们可以将操作容器中元素的普通任务交给 STL 完成，从而将精力集中在游戏的编写上。这些算法的强大之处在于它们是泛型的，即同样的算法可以用于不同容器类型的元素。

4.4.1　High Scores 程序简介

High Scores 程序创建了一个存储高分的向量，还使用 STL 算法对分数进行查找、乱序和排序操作。程序如图 4.5 所示。

图 4.5　STL 算法对高分向量中的元素进行查找、乱序和排序操作

从异步社区网站上可以下载该程序的代码。程序位于 **Chapter 4** 文件夹中，文件名为
high_scores.cpp。

```cpp
// High Scores
// Demonstrates algorithms
#include <iostream>
#include <vector>
#include <algorithm>
#include <ctime>
#include <cstdlib>
using namespace std;
int main()
{
    vector<int>::const_iterator iter;
    cout << "Creating a list of scores.";
    vector<int> scores;
    scores.push_back(1500);
    scores.push_back(3500);
    scores.push_back(7500);
    cout << "\nHigh Scores:\n";
    for (iter = scores.begin(); iter != scores.end(); ++iter)
    {
        cout << *iter << endl;
    }
    cout << "\nFinding a score.";
    int score;
    cout << "\nEnter a score to find: ";
    cin >> score;
    iter = find(scores.begin(), scores.end(), score);
    if (iter != scores.end())
    {
        cout << "Score found.\n";
    }
    else
    {
        cout << "Score not found.\n";
    }
    cout << "\nRandomizing scores.";
    srand(static_cast<unsigned int>(time(0)));
    random_shuffle(scores.begin(), scores.end());
    cout << "\nHigh Scores:\n";
    for (iter = scores.begin(); iter != scores.end(); ++iter)
    {
        cout << *iter << endl;
```

```
    }
    cout << "\nSorting scores.";
    sort(scores.begin(), scores.end());
    cout << "\nHigh Scores:\n";
    for (iter = scores.begin(); iter != scores.end(); ++iter)
    {
        cout << *iter << endl;
    }
    return 0;
}
```

4.4.2　使用算法的准备工作

为了使用 STL 算法，我们将含有算法定义的头文件包含进来：

```
#include <algorithm>
```

如您所知，所有的 STL 组件都属于 std 名称空间。通过下面一行代码（典型的做法），程序无须前缀 std::就能使用 STL 算法：

```
using namespace std;
```

4.4.3　使用 find()算法

在显示向量 scores 的内容后，程序从用户获取要查找的值，并存储在变量 score 中。然后，程序使用 find()算法在 scores 向量中查找该值：

```
    iter = find(scores.begin(), scores.end(), score);
```

STL 的 find()算法在指定范围内的容器元素中查找值，它返回引用第一个匹配元素的一个迭代器。如果没有找到匹配的元素，则返回的迭代器指向指定范围的结尾处。必须给 find()传递一个起点迭代器、一个终点迭代器和要查找的值。该算法从起点迭代器开始查找，一直查找到但不包括终点迭代器。本例中，程序将 scores.begin()和 scores.end()作为算法的前两个实参来搜索整个向量。作为第三个实参的 score 是用户输入的需要查找的值。

接下来，程序检查值 score 是否找到：

```
    if (iter != scores.end())
    {
        cout << "Score found.\n";
    }
    else
```

```
    {
        cout << "Score not found.\n";
    }
```

请记住，如果找到 score 的值，iter 将引用向量中第一次出现 score 的元素。因此，只要 iter 不等于 scores.end()，就说明查找成功。随后程序显示消息表示查找成功。否则，iter 将等于 scores.end()，说明查找失败。

4.4.4　使用 random_shuffle()算法

接下来，程序准备使用 random_shuffle()算法对分数进行乱序。与生成单个随机数时一样，程序在调用 random_shuffle()之前为随机数生成器确定种子。因此，每次运行程序时，分数的顺序可能都不相同。

```
    srand(static_cast<unsigned int>(time(0)));
```

接着，程序随机地对分数进行重新排序。

```
    random_shuffle(scores.begin(), scores.end());
```

random_shuffle()算法将序列中的元素进行乱序。该算法需要序列的起点迭代器和终点迭代器来进行乱序操作。在本例中，程序将 scores.begin()和 scores.end()返回的迭代器传递给算法。这两个迭代器表示需要对 scores 中的全部元素进行乱序操作。程序的执行结果是，scores 包含了相同的分数，只是顺序不同。

最后程序显示分数，证明乱序成功。

技巧

尽管或许不需要对某个高分列表进行乱序操作，但对于游戏而言，random_shuffle()依然是个很有价值的算法。它可以用来洗牌，也可以打乱玩家在游戏的某一关中遭遇敌人的顺序。

4.4.5　使用 sort()算法

接下来，程序对分数排序。

```
    sort(scores.begin(), scores.end());
```

sort()算法对序列中的元素进行升序排列。该算法需要序列的起点迭代器和终点迭代器来进行排序操作。此处，程序将 scores.begin()和 scores.end()返回的迭代器传递给算法。这两个迭代器表示对 scores 中的全部元素进行排序操作。程序的运行结果是，scores 中的全部分数将以升序排列。

程序最后显示分数，证明排序成功。

技巧

STL 算法的一个绝妙的特性在于，它们可以用于定义在 STL 之外的容器，只要这些容器满足特定要求即可。例如，尽管 string 对象不是 STL 的一部分，但仍然可以使用适当的 STL 算法，如下面的代码所示：

```
string word = "High Scores";
random_shuffle(word.begin(), word.end());
```

上面的代码对 word 中的字符进行乱序操作。如您所见，string 对象有 begin()和 end() 成员函数，它们分别返回指向第一个字符和最后一个字符之后的迭代器。这是 STL 算法能用于字符串的部分原因——它们就是如此设计的。

4.5　理解向量的性能

如同所有 STL 容器一样，向量为程序员提供了巧妙的使用信息的方法。但是这种程度的巧妙可能带来性能上的代价。如果说有某一件事情困扰着游戏程序员，那就是性能。但是不必担心，向量和其他 STL 容器的效率极高。实际上，它们已经用于已发布的 PC 游戏和控制台游戏。然而，这些容器有其优势和劣势。游戏程序员需要理解各种容器类型的性能特性，以便为任务选择合适的容器。

4.5.1　向量的增长

尽管向量可以根据需要动态增长，但是每个向量都有特定的大小。当为向量添加新元素使其大于当前大小时，计算机重新分配内存，而且甚至有可能将向量的全部元素复制到新占用的内存块。这可能导致性能损失。

关于程序的性能，要记住的最重要的一点是并不一定必须担心内存重新分配的问题。例如，向量内存的重新分配可能并不是发生在程序的性能关键部分。在这种情况下，可以放心地忽略内存重新分配带来的性能损失。同样,如果向量较小,重新分配的代价也可能微不足道,因此还是可以放心地将其忽略。然而,如果需要对内存分配的时机有更加精确的控制,就要考虑性能了。

1. 使用 capacity()成员函数

vector 的成员函数 capacity()返回向量的容量,即在程序必须为其重新分配更多内存之前,向量所能容纳的元素数目。向量的容量和向量的大小(向量当前容纳的元素的数目)不是同一概念。下面的代码可以帮助理解这一点:

```
cout << "Creating a 10 element vector to hold scores.\n";
vector<int> scores(10, 0);  //initialize all 10 elements to 0
cout << "Vector size is :" << scores.size() << endl;
cout << "Vector capacity is:" << scores.capacity() << endl;
cout << "Adding a score.\n";
scores.push_back(0);  //memory is reallocated to accommodate growth
cout << "Vector size is :" << scores.size() << endl;
cout << "Vector capacity is:" << scores.capacity() << endl;
```

在声明和初始化向量之后,这段代码报告向量的大小和容量都是 10。然而,在添加一个元素之后,代码报告向量的大小是 11,而容量是 20。这是因为程序每次为向量重新分配额外的内存时,其容量都会增大一倍。在本例中,当添加新的分数后,程序重新分配内存,向量的容量从 10 倍增到 20 倍。

2. 使用 reserve()成员函数

reserve()成员函数将向量的容量扩充至给定实参的大小。reserve()允许程序员控制重新分配额外内存的时机,如下例所示:

```
cout << "Creating a list of scores.\n";
vector<int> scores(10, 0);  //initialize all 10 elements to 0
cout << "Vector size is :" << scores.size() << endl;
cout << "Vector capacity is:" << scores.capacity() << endl;
cout << "Reserving more memory.\n";
scores.reserve(20);  //reserve memory for 10 additional elements
cout << "Vector size is :" << scores.size() << endl;
cout << "Vector capacity is:" << scores.capacity() << endl;
```

就在声明和初始化向量之后,这段代码报告其大小和容量都是 10。然而,在预留了 10 个额外元素的内存后,代码报告其大小仍然为 10,而容量为 20。

使用 reserve()将向量的容量维持在足够满足需要，这样可以将内存的重新分配推迟到某个选定时刻发生。

提示

初级游戏程序员最好了解向量内存分配的原理。然而，不要被其困扰。您编写的第一个游戏程序很可能不会受益于某种更加手动的向量内存分配方式。

4.5.2 元素的插入与删除

使用 push_back()或 pop_back()成员函数从向量结尾处添加或移除元素的方法效率极高。然而，在向量的其他任意某处（如使用 insert()或 erase()）添加或移除元素可能需要更多的工作，因为可能必须移动多个元素来完成插入或删除操作。对于较小的向量而言，这种额外开销通常可以忽略不计；但是对于较大的向量而言（如包含数千个元素），从向量的中间插入或删除元素可能导致性能损失。

STL 提供了另一种序列容器类型 list。无论序列的大小是多少，此类型都允许元素的高效插入与删除。重点要记住的是，单独某种容器类型不是适用于所有问题的解决方案。尽管 vector 功能丰富，而且是最常用的 STL 容器类型，但某些时候使用其他容器类型或许更有意义。

陷阱

不要仅因为需要在序列的中间插入或删除元素就放弃使用向量。对于游戏程序而言，它可能仍然是个较好的选择。起决定性作用的是使用序列的方式。如果序列较小或者插入和删除操作较少，那么最好的选择可能仍然是使用向量。

4.6 其他 STL 容器

STL 定义的各种容器类型分为两大类：顺序型和关联型。顺序型容器可以依次检索元素值，而关联型容器则基于键值检索元素值。vector 是顺序型容器。

如何使用这些不同的容器类型？请考虑一个在线回合制策略游戏。可以使用一个顺序型容器存储一组需要依次访问的玩家。另一方面，可以通过某个唯一标识符使用关联型容器以随机访问的方式检索玩家信息，如玩家的 IP 地址。

最后，STL 定义了容器适配器用来适配顺序型容器。容器适配器代表了计算机科学中的标准数据结构。尽管它们不是正式的容器，但与容器类似。STL 提供的容器类型如表 4.1 所示。

表 4.1 STL 容器

容 器	类 型	描 述
deque	顺序型	双向队列
list	顺序型	线性链表
map	关联型	键/值对的集合，每个键都与唯一值关联
multimap	关联型	个值关联
multiset	关联型	元素不一定唯一的集合
priority_queue	适配器	优先级队列
queue	适配器	队列
set	关联型	元素唯一的集合
stack	适配器	栈
vector	顺序型	动态数组

4.7 对程序进行规划

到目前为止，本书介绍的所有程序都非常简单。在稿纸上对这些程序进行正式规划的想法或许显得有些夸张。但实际上并不会这样，对程序（甚至是小程序）进行规划几乎总能节省时间，减少阻碍。

编程与建筑非常类似。想象一个建筑师不用蓝图就为您建造一栋房子。最后建成的房子可能有 12 个浴室，没有窗户，而且前门在第二层。并且建筑的花销可能是预计的 10 倍。编程也是如此。没有程序规划，编程将会成为痛苦挣扎过程，并且浪费时间。如此编写出来的程序甚至可能无法工作。

4.7.1 使用伪代码

许多程序员使用伪代码草拟他们的程序。伪代码是一种介于英文与正式编程语言之间的语言，任何能理解英文的人应该都能够理解伪代码。例如，假设我们想赚一百万美元，这是个不错的目标，但要如何实现？我们需要一个计划。因此，我们提出一个计划并用伪代码进行表述。

```
If you can think of a new and useful product
    Then that's your product
Otherwise
    Repackage an existing product as your product
Make an infomercial about your product
Show the infomercial on TV
Charge $100 per unit of your product
Sell 10,000 units of your product
```

尽管任何人，甚至是非程序员都能理解我们的计划，但伪代码只是很模糊地与程序类似。前 4 行与带 else 子句的 if 语句类似，而且这是有意为之的。在起草一份计划时，应该尽量使伪代码看起来像代码。

4.7.2 逐步细化

程序规划可能不会一次性完成。通常情况下，伪代码在用编程代码实现之前需要多次修正。使用逐步细化的方法来重写伪代码，使其更适合编程实现。逐步细化非常简单，基本而言就是"使其更详细"。通过将伪代码描述的每个步骤分解为一系列更简单的步骤，程序规划越来越接近编程代码。逐步细化不断分解每个步骤，直到整个规划可以很容易地转换成为程序。例如，考虑以下所示的这个步骤：

```
Create an infomercial about your product
```

这项任务看起来很模糊。如何做电视购物广告？通过逐步细化，可以将该步骤分解为多个步骤，如下所示：

```
Write a script for an infomercial about your product
Rent a TV studio for a day
Hire a production crew
Hire an enthusiastic audience
Film the infomercial
```

如果认为这 5 个步骤清晰且可实现，那么这部分伪代码已经过完全细化。如果仍然对某一步不是很清楚，则对其进行进一步细化。继续这个过程，最后将得到一个完整的计划以及一百万美元。

4.8 Hangman 简介

在 Hangman 程序中，计算机挑了一个单词，玩家每次尝试猜一个字母。程序允许玩家猜错 8 次。如果他或她最后无法猜对单词，玩家将被绞死，然后游戏结束。游戏如图 4.6 所示。

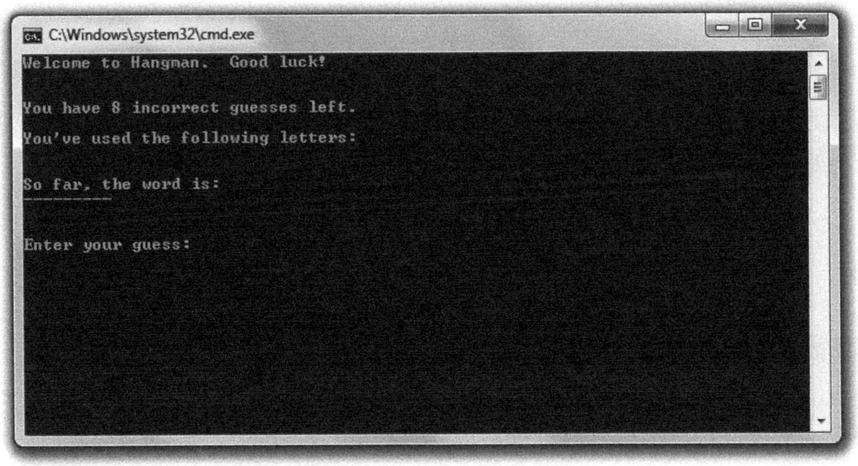

图 4.6 运行中的 Hangman 游戏

从异步社区网站上可以下载该程序的代码。程序位于 Chapter 4 文件夹中，文件名为 hangman.cpp。

4.8.1 游戏规划

在用 C++写代码之前，用伪代码对该游戏程序进行规划。

Create a group of words
Pick a random word from the group as the secret word
While player hasn't made too many incorrect guesses and hasn't guessed the secret word
  Tell player how many incorrect guesses he or she has left
  Show player the letters he or she has guessed
  Show player how much of the secret word he or she has guessed

```
Get player's next guess
While player has entered a letter that he or she has already guessed
     Get player's guess
Add the new guess to the group of used letters
If the guess is in the secret word
     Tell the player the guess is correct
     Update the word guessed so far with the new letter
Otherwise
     Tell the player the guess is incorrect
     Increment the number of incorrect guesses the player has made
If the player has made too many incorrect guesses
     Tell the player that he or she has been hanged
Otherwise
     Congratulate the player on guessing the secret word
```

尽管伪代码没有说明要编写的每一行代码，但它很好地描述了需要做的工作。接下来我们开始编写程序。

4.8.2　创建程序

像往常一样，程序以一些注释和需要的头文件开始。

```
// Hangman
// The classic game of hangman
#include <iostream>
#include <string>
#include <vector>
#include <algorithm>
#include <ctime>
#include <cctype>
using namespace std;
```

注意，上面的代码中包含了一个新的文件 cctype。它是标准库的一部分，并且包含将字符转换为大写形式的函数。在比较单个字符时，程序使用这些函数比较 apples 和 apples（大写形式之间的比较）。

4.8.3　变量与常量的初始

接下来是程序的 main() 函数，并且为游戏初始化一些变量和常量。

```
int main()
{
    //setup
    const int MAX_WRONG = 8;  //maximum number of incorrect guesses allowed
    vector<string> words;   //collection of possible words to guess
    words.push_back("GUESS");
    words.push_back("HANGMAN");
    words.push_back("DIFFICULT");
    srand(static_cast<unsigned int>(time(0)));
    random_shuffle(words.begin(), words.end());
    const string THE_WORD = words[0];       //word to guess
    int wrong = 0;                          //number of incorrect guesses
    string soFar(THE_WORD.size(), '-');     //word guessed so far
    string used = "";                       //letters already guessed
    cout << "Welcome to Hangman. Good luck!\n";
```

MAX_WRONG 代表允许玩家猜错的最多次数。words 是包含可能猜测的单词的向量。程序使用 random_shuffle() 算法打乱 words，然后将向量中的第一个单词赋值给 THE_WORD，它就是玩家必须猜的那个神秘的单词。wrong 代表玩家已经猜错的次数。soFar 代表玩家目前所猜的单词。soFar 以一系列短横线开头，每个短横线代表神秘单词中的一个字母。当玩家猜中单词中的某个字母时，程序将相应位置的短横线替换成该字母。

4.8.4 进入游戏主循环

接下来，程序进入游戏主循环。该循环将持续执行，直到玩家猜错次数过多或者猜中单词。

```
//main loop
while ((wrong < MAX_WRONG) && (soFar != THE_WORD))
{
    cout << "\n\nYou have " << (MAX_WRONG - wrong);
    cout << " incorrect guesses left.\n";
    cout << "\nYou've used the following letters:\n" << used << endl;
    cout << "\nSo far, the word is:\n" << soFar << endl;
```

4.8.5 获取玩家的猜测

接下来，程序获取玩家的猜测。

```
        char guess;
        cout << "\n\nEnter your guess: ";
        cin >> guess;
        guess = toupper(guess); //make uppercase since secret word in uppercase
        while (used.find(guess) != string::npos)
        {
            cout << "\nYou've already guessed " << guess << endl;
            cout << "Enter your guess: ";
            cin >> guess;
            guess = toupper(guess);
        }
        used += guess;
        if (THE_WORD.find(guess) != string::npos)
        {
            cout << "That's right! " << guess << " is in the word.\n";
            //update soFar to include newly guessed letter
            for (int i = 0; i < THE_WORD.length(); ++i)
            {
                if (THE_WORD[i] == guess)
                {
                    soFar[i] = guess;
                }
            }
        }
        else
        {
            cout << "Sorry, " << guess << " isn't in the word.\n";
            ++wrong;
        }
    }
```

程序使用文件 cctype 中定义的函数 uppercase() 将玩家的猜测转换为大写形式。之所以这样做是因为在比较玩家的猜测与神秘单词时，可以在大写字母之间进行比较。

如果玩家猜测的字母之前已经猜过，程序让玩家重新猜测。如果玩家猜中了某个字母，程序更新目前所猜的单词。否则，程序告知玩家所猜字母不在单词中，并且增加玩家猜错的次数。

4.8.6 游戏结束

到这个时候，玩家已经猜中了单词或者猜错次数过多。无论是哪种情况，游戏都会结束。

```
//shut down
if (wrong == MAX_WRONG)
{
    cout << "\nYou've been hanged!";
}
else
{
    cout << "\nYou guessed it!";
}
cout << "\nThe word was " << THE_WORD << endl;
return 0;
}
```

程序祝贺玩家，或者把他或她已被绞死的不幸消息通知给玩家。然后，程序显示出这个神秘的单词。

4.9　本章小结

本章介绍了以下概念：

- 标准模板库（STL）是强大的编程代码集合，它提供了容器、算法和迭代器。
- 容器是允许存储和访问同一类型值集合的对象。
- STL 中定义的算法可以用于容器，并且提供了作用于对象集合的常用函数。
- 迭代器是标识容器中元素的对象，通过操作迭代器能在元素间移动。
- 迭代器是充分利用容器的关键。许多容器的成员函数需要迭代器，并且 STL 算法也要用到它们。
- 要获得某个迭代器引用的值，必须使用解引用运算符（*）对迭代器进行解引用。
- 向量是 STL 提供的一种顺序型容器，和动态数组类似。
- 循环访问向量的效率很高，从向量结尾插入或移除元素的操作效率同样很高。
- 从向量的中间插入或删除元素可能效率低下，尤其是在向量很大的时候。
- 介于英文和编程语言之间的伪代码用于对程序进行规划。
- 逐步细化用于重写伪代码，使其更易于实现。

4.10 问与答

问：为什么 STL 很重要？

答：因为它节省了游戏程序员的时间与精力。STL 提供了常用的容器类型和算法。

问：STL 很快吗？

答：当然。STL 已经由数以百计的程序员进行改进，以在每个支持的平台上获得尽可能多的性能提升。

问：什么时候应当使用向量而不是数组？

答：几乎总应当使用向量。向量高效且灵活。与数组比起来，它确实需要更多一些的内存，但是考虑到获得的好处，这样的折中是值得的。

问：向量有数组那么快吗？

答：访问向量元素与访问数组元素一样快。同样地，循环访问向量和循环访问数组一样快。

问：如果可以使用下标运算符，为什么还需要迭代器？

答：这是有一些原因的。首先，向量的许多成员函数需要使用迭代器（譬如 insert() 和 erase()）。其次，STL 算法需要使用迭代器。再次，STL 中的大多数容器都不能使用下标运算符，因此迟早也要学会使用迭代器。

问：访问向量元素的最佳方式是迭代器还是下标运算符？

答：这要视情况而定。如果要对元素进行随机访问，下标运算符是很自然的选择。如果要使用 STL 算法，就必须使用迭代器。

问：那么向量元素的循环访问呢？应该使用下标运算符还是迭代器？

答：两种方法都可以。然而，使用迭代器的一个优势在于，无须改动太多代码便可以灵活地将向量替换成其他 STL 容器（如链表）。

问：为什么 STL 定义了不止一种顺序型容器类型？

答：不同的顺序型容器类型的性能特性不同。它们就如同工具箱中的工具，每个工具都适用于不同的任务。

问：什么是容器适配器？

答：容器适配器是基于某个 STL 序列容器的，它们代表了标准的计算机数据结构。尽管它们不是正式的容器，但看起来就如同容器一样。

问：什么是栈？

答：栈是一种数据结构，其元素的移除顺序与添加顺序相反，即最后添加的元素将第一个被移除。这与现实中的栈一样，首先移除的物品位于栈的顶部。

问：什么是队列？

答：队列是一种数据结构，其元素的移除顺序和添加顺序相同。这与现实中的队列一样，比如人们排成的一个队伍，其中的第一个人将首先获得服务。

问：什么是双向队列？

答：可以在任意一端添加或移除元素的队列。

问：什么是优先级队列？

答：优先级队列是一种数据结构，支持查找和移除最高优先级的元素。

问：什么时候使用伪代码？

答：在需要对程序或一段代码进行规划的时候使用伪代码。

问：什么时候使用逐步细化？

答：在需要用伪代码获得更多细节的时候使用逐步细化。

4.11　问题讨论

1. 为什么游戏程序员应该使用 STL？
2. 向量对比数组的优势是什么？
3. 使用向量可能存储哪些游戏对象类型？
4. 容器类型的性能特性如何影响程序员是否选择使用它们？
5. 为什么程序规划很重要？

4.12　习题

1. 使用向量和迭代器编写一个程序，用来让用户维护他或她最喜爱的游戏列表。程序应当允许用户列出所有游戏名称，添加游戏名称和移除游戏名称。

2. 假设 scores 是存储 int 类型元素的向量，下面这段代码（本意是要递增每个元素）

有何问题？

```
vector<int>::iterator iter;
//increment each score
for (iter = scores.begin(); iter != scores.end(); ++iter)
{
    iter++;
}
```

3. 编写第 3 章中 Word Jumble 游戏的伪代码。

第5章
函数：Mad Lib

到目前为止，本书介绍的每个程序都由一个函数 main() 构成。然而，一旦程序达到一定大小或复杂度，像这样使用单个函数的处理方式会变得很困难。好在，有办法将大程序分解为较小的代码块。本章将介绍一种方法——创建新的函数。具体而言，本章内容如下：

- 编写新的函数；
- 通过参数向新的函数传递值；
- 通过返回值从新的函数返回信息；
- 使用全局变量和全局常量；
- 函数重载；
- 内联函数。

5.1 创建函数

用 C++ 可以编写包含多个函数的程序。新函数工作起来就如同是标准语言的一部分，它们开始运行并执行某项任务，然后将控制权返回给程序。编写新函数的一个较大优势在于可以将代码分解为可管理的代码片段。正如在标准库中介绍过的函数，新函数应当出色地完成其任务。

5.1.1 Instructions 程序简介

Instructions 程序的结果非常简单，只显示游戏操作指南开头的几行文本。从输出结果来看，该程序与学习第 1 章后就能编写出的程序一样。但是，该程序有个在幕后起作用的新元素—— 一个新的函数。代码的结果如图 5.1 所示。

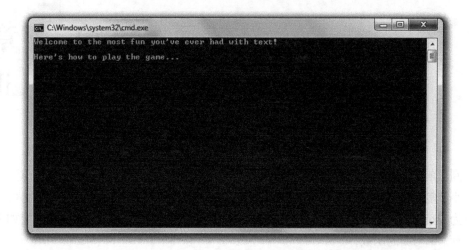

图 5.1　由函数显示的游戏指南

从异步社区网站上可以下载该程序的代码。程序位于 **Chapter 5** 文件夹中，文件名为
instructions.cpp。

```cpp
// Instructions
// Demonstrates writing new functions
#include <iostream>
using namespace std;
// function prototype (declaration)
void instructions();
int main()
{
    instructions();
    return 0;
}
// function definition
void instructions()
{
    cout << "Welcome to the most fun you've ever had with text!\n\n";
    cout << "Here's how to play the game...\n";
}
```

5.1.2　函数声明

在调用已经编写的函数之前，必须对其进行声明。声明函数的一种方式是编写函数原型，即一段对函数进行描述的代码。函数原型的编写方法如下：首先列出函数的返回值（如果函数没有返回值，则为 void），接着是函数的名称，最后是由一对括号括起来的形参列表。在函数调用时，函数的形参接收以实参的形式传递的值。

就在 main()函数之前，编写了一个函数原型：

```
void instructions();
```

上面的代码声明了一个名为 instructions 且没有返回值的函数（从 void 返回类型可以判断出来）。函数也不接受值，因为它没有形参（从括号中没有形参列表这一点可以判断出来）。

原型不是声明函数的唯一方式。实现此目的的另一个方式是将函数定义当作其声明。要做到这一点，只需在函数调用之前编写函数定义。

提示

尽管不是必须使用原型，但这样做有很多好处，其中很重要的一点是让代码更加清晰。

5.1.3 函数定义

函数的定义是指让函数运行的全部代码。定义一个函数的方法如下：首先列出函数的返回值（如果函数没有返回值，则为 void），接着是函数名称，然后是由一对括号括起来的形参列表，正如函数原型一样（除了不用一个分号结尾）。以上这些称为函数头部。接下来要创建由一对花括号括起来的代码块。这段代码块包含了函数运行时要执行的指令，称为函数体。

Instructions 程序在最后定义了一个简单的 instructions()函数。它显示了一些游戏指南。因为该函数不返回任何值，因此不像 main()函数一样需要使用 return 语句。函数定义以右花括号结尾。

```
void instructions()
{
    cout << "Welcome to the most fun you've ever had with text!\n\n";
    cout << "Here's how to play the game...\n";
}
```

陷阱

函数定义必须与其原型的返回值和函数名相匹配，否则会生成编译错误。

5.1.4　函数调用

可以像调用其他任意函数一样调用自己编写的函数：在函数名后面跟上一对括号，括号中是合法的实参列表。在 main() 函数中，程序用下面一行代码调用了新创建的函数：

```
instructions();
```

这行代码调用了函数 instructions()。无论何时进行函数的调用，程序的控制权都会跳转到被调用的函数中。在本例中，程序的控制权跳转到 instructions()，并且执行该函数的代码，显示游戏指南。当函数结束时，控制权返回给调用代码。在本例中，程序控制权返回给 main() 函数。接下来执行的是 main() 函数中的语句 return 0;，随后程序结束。

5.1.5　理解抽象

通过编写与调用函数，我们实践了名为抽象的概念。抽象是指考虑整体而不担心其细节。在本例中，可以简单地使用 instructions() 函数，而不必担心文本显示的细节。要做的只是用一行代码调用此函数，这样就可以完成任务。

您可能会好奇在哪里可以找到抽象，其实人们总是在使用抽象。例如，考虑一个快餐店里的两名雇员。如果一名雇员告诉另一名雇员说他刚才处理了一份 3 号套餐，另一名雇员便知道顾客下单之后，去了加热箱，拿了一个汉堡，又去了电炸锅，取了一份最大分量的法式薯条，然后去了冷饮柜，拿了最大的杯子，装满了汽水，将所有这些交给顾客，接过顾客的钱，并找零。这种程度的细节在对话中不仅没有必要，而且令人生厌。两名雇员都理解处理一份 3 号套餐的意思。他们不必考虑所有的细节，因为他们使用了抽象。

5.2　使用形参和返回值

正如已经介绍过的标准库中的函数一样，我们可以为函数提供值并获得一个返回值。例如，对于 toupper() 函数，为其提供一个字符，函数返回该字符的大写形式。自己编写的函数也能够接受值并返回一个值，这样可以让函数与程序的余下部分进行通信。

5.2.1 Yes or No 程序简介

Yes or No 程序向用户询问一些典型的问题。首先，程序要求用户回答 yes 或 no。然后，程序更加明确地询问用户是否需要保存游戏。程序结果依然不是那么引人注目，但其实现方法很有趣。每个问题都是由与 main() 函数通信的不同函数提出的。程序运行示例如图 5.2 所示。

图 5.2　每个问题都由一个独立的函数提出，并且信息在这些函数与 main() 函数之间传递

从异步社区网站上可以下载该程序的代码。程序位于 Chapter 5 文件夹中，文件名为 **yes_or_no.cpp**。

```cpp
// Yes or No
// Demonstrates return values and parameters
#include <iostream>
#include <string>
using namespace std;
char askYesNo1();
char askYesNo2(string question);
int main()
{
    char answer1 = askYesNo1();
    cout << "Thanks for answering: " << answer1 << "\n\n";
    char answer2 = askYesNo2("Do you wish to save your game?");
```

```
    cout << "Thanks for answering: " << answer2 << "\n";
    return 0;
}
char askYesNo1()
{
    char response1;
    do
    {
        cout << "Please enter 'y' or 'n': ";
        cin >> response1;
    } while (response1 != 'y' && response1 != 'n');
    return response1;
}
char askYesNo2(string question)
{
    char response2;
    do
    {
        cout << question << " (y/n): ";
        cin >> response2;
    } while (response2 != 'y' && response2 != 'n');
    return response2;
}
```

5.2.2 返回值

函数可以返回一个值，将信息发送回调用代码。要返回一个值，需要指定一个返回类型，然后从函数中返回这一类型的值。

1. 指定返回类型

第一个声明的函数 askYesNo1() 返回一个 char 型值。从位于 main() 函数之前的函数原型可以判断出来：

```
char askYesNo1();
```

也可以从位于 main() 函数之后的函数定义判断出来：

```
char askYesNo1()
```

2. 使用 return 语句

askYesNo1() 持续地要求用户输入 y 或 n，直到用户输入 y 或 n。一旦用户输入一个合法字符，函数以下面一行代码结尾，返回 response1 的值。

```
return response1;
```

注意，response1 必须是一个 char 型值，因为函数原型和函数定义都说明要返回 char 型值。

一旦运行到 return 语句，函数便结束。一个函数完全可以包含多个 return 语句，即该函数有多个可能的返回点。

技巧

使用 return 语句不一定要返回值。可以在不返回任何值的函数（void 作为其返回类型）中单独使用 return 语句。

3. 使用返回值

main()函数使用下面一行代码调用了该函数，并将函数的返回值赋给了 answer1。

```
char answer1 = askYesNo1();
```

这表示 answer1 被赋予了'y'或'n'，即用户在 askYesNo1()提示后输入的字符。

接下来，main()函数显示了 answer1 的值。

5.2.3 传递参数值

可以向函数传递值作为其参数，这是向函数传递信息最常见的方式。

1. 指定参数

第二个声明的函数 askYesNo2()接受一个值作为其参数。具体而言，它接受一个 string 类型的值，从位于 main()函数之前的函数原型可以判断出来。

```
char askYesNo2(string question);
```

提示

函数原型中不必使用形参名称，而只需包含形参的类型。例如，下面一行代码就是一个完全合法的函数原型。它声明了一个名为 askYesNo2()的函数，以一个字符串为形参，并返回一个 char 型值。

```
char askYesNo2(string);
```

尽管在函数原型中不是必须使用形参名称，但最好这样做。这样会让代码更加清晰，工作量却并不大。

从函数 askYesNo2() 的头部可以看到，该函数接受一个 string 对象作为形参，并将形参命名为 question。

```
char askYesNo2(string question)
```

与函数原型不同，函数定义中必须指明形参名称。在函数中使用形参名称访问形参值。

陷阱

函数原型中指定的形参类型必须与函数定义中列出的形参类型相匹配。如果不匹配，则会产生编译错误。

2. 给形参传值

函数 askYesNo2() 是 askYesNo1() 的改进版本，它允许通过为其传递一个字符串提示来询问更具个性化的问题。main() 函数中调用 askYesNo2() 如下：

```
char answer2 = askYesNo2("Do you wish to save your game?");
```

这条语句调用了 askYesNo2()，并将字符串字面值实参"Do you wish to save your game?"传给了该函数。

3. 使用形参值

函数 askYesNo2() 的形参 question 接受"Do you wish to save your game?"作为其值。这样，question 便与函数中其他变量一样。实际上，程序用下面一行代码显示了 question：

```
cout << question << " (y/n): ";
```

提示

实际上，参数值并没有这么简单。当字符串字面值"Do you wish to save your game?"传递给 question 时，一个与该字符串字面值相等的 string 对象被创建出来，并赋值给 question。

与 askYesNo1() 一样，askYesNo2() 不断地提示用户输入，直到其输入 y 或 n。然后，函数返回用户的输入并结束。

回到 main() 函数中，返回的 char 型值赋值给 answer2，并在稍后显示出来。

5.2.4 理解封装

当使用自己的函数时，也许不觉得需要使用返回值。为何不直接在 main() 函数中使用变量 response1 和 response2？因为不可以这样做，response1 和 response2 在定义它们的函数之外不存在。实际上，在函数中创建的任何变量，包括函数的形参，都不可以在函数之外直接使用。这一有用的特性被称为封装。通过隐藏或者封装细节，封装可以将独立的代码真正地分开。这就是使用形参和返回值的原因——只传递需要交换的信息。另外，也不必在程序的其余部分留意在函数中创建的变量。当程序规模增大时，这会有很大的好处。

封装或许听起来与抽象没什么两样，因为它们之间有紧密的联系。封装是一种主要的抽象。抽象让程序员无须担心细节，而封装则为程序员隐藏细节。例如，电视遥控器的音量大小键，当使用电视遥控器调节音量时，正是在使用抽象，因为无须知道电视机内部的工作原理就能够调节音量。现在假设遥控器有 10 个音量等级。可以通过遥控器来调整到这些音量等级中的任意一个，但是不可以直接选择某个特定音量，而只能按音量大小键来最终获得需要的音量。真正的音量值被封装起来，不可以直接获得。

5.3　理解软件重用

可以在其他程序中对函数进行重用。譬如，因为在游戏中对用户提出是或否的问题很常见，因此可以创建一个 askYesNo()函数，并在以后的游戏程序中使用它。编写好的函数不仅可以在当前的游戏项目中节省时间与精力，也能为将来的项目所用。

现实世界

代码的重复编写总是会浪费时间，因此软件重用 —— 在新项目中使用已有软件和其他元素 —— 是游戏公司非常关注的一项技术。软件重用的好处包括：

- **提高了公司的产量。**通过重用已有的代码和其他元素，譬如图形引擎，游戏公司能够以较小的成本完成其项目。
- **改进了软件质量。**如果游戏公司拥有经过测试的代码，譬如某个网络模块，那么公司可以认为代码无 bug 而对其进行重用。
- **改进了软件性能。**一旦游戏公司拥有了高性能的代码，对其进行重用不仅防止公司重写代码，而且防止他们重写出低效的代码。

通过从一个程序中将代码复制并粘贴到另一程序，可以重用编写过的代码。但是有一种更好的方法——将大型游戏项目分解为多个文件。第 10 章将介绍这项技术。

5.4 使用作用域

变量的作用域决定该变量在程序中的可见范围。它让程序员对变量的访问做出限制，并且是封装的关键，有助于将程序中的各部分（如函数）彼此分离。

5.4.1 Scoping 程序简介

Scoping 程序演示了作用域。该程序在 3 个独立的作用域中创建了 3 个同名变量。程序显示了这些变量的值，并且可以观察到尽管名称相同，但它们是完全独立的实体。程序结果如图 5.3 所示。

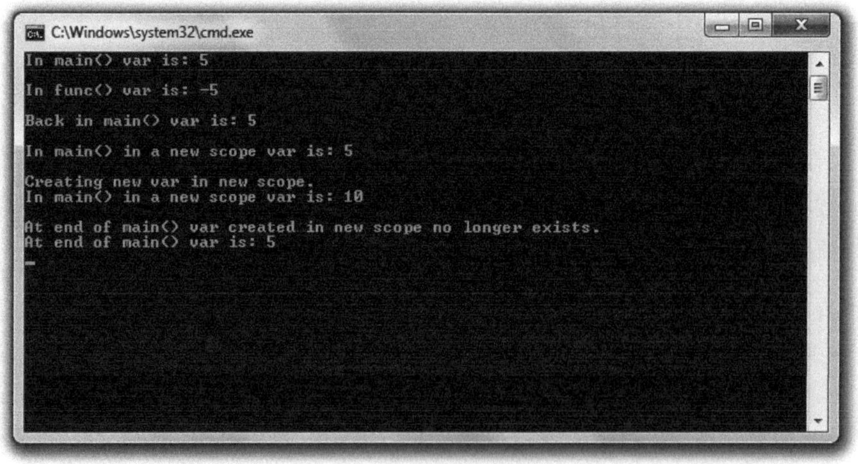

图 5.3　尽管名称相同，但 3 个变量在其各自的作用域中都是唯一的

从异步社区网站上可以下载该程序的代码。程序位于 Chapter 5 文件夹中，文件名为 scoping.cpp。

```
// Scoping
// Demonstrates scopes
#include <iostream>
using namespace std;
```

```
void func();
int main()
{
    int var = 5;  // local variable in main()
    cout << "In main() var is: " << var << "\n\n";
    func();
    cout << "Back in main() var is: " << var << "\n\n";
    {
        cout << "In main() in a new scope var is: " << var << "\n\n";
        cout << "Creating new var in new scope.\n";
        int var = 10; // variable in new scope, hides other variable named var
        cout << "In main() in a new scope var is: " << var << "\n\n";
    }
    cout << "At end of main() var created in new scope no longer exists.\n";
    cout << "At end of main() var is: " << var << "\n";
    return 0;
}
void func()
{
    int var = -5; // local variable in func()
    cout << "In func() var is: " << var << "\n\n";
}
```

5.4.2 使用独立的作用域

每次在使用花括号创建一个代码块时，就创建了一个作用域。函数就是作用域的一个例子。一个作用域中声明的变量在该作用域外是不可见的，即函数中声明的变量在函数以外是不可见的。

函数中声明的变量被认为是局部变量，它们对于函数是*局部变量*。这便将函数封装起来。

在此之前已经使用过很多局部变量。下面的语句在 main()函数中定义另一个局部变量：

```
int var = 5;  // local variable in main()
```

该行代码声明并初始化一个名为 var 的局部变量。下一行代码将该变量发送给 cout:

```
cout << "In main() var is: " << var << "\n\n";
```

结果和预期的一致，显示出数字 5。

接下来，程序调用 func()。一旦进入该函数，程序则处在 main()函数定义的作用域之外的一个独立作用域之中。因此，程序无法访问 main()函数中定义的变量 var。也就是说，当用下面一行代码在 func()函数中定义一个名为 var 的变量时，这一新的变量与 main()函数中的变量 var 是完全独立的：

```
int var = -5;   // local variable in func()
```

这两个 var 变量相互之间没有影响，作用域的优点正在于此。在编写函数时，不必担心另一函数是否使用同样的变量名。

随后，当程序用下面一行代码显示 func()函数中的变量 var 的值时，计算机显示−5：

```
cout << "In func() var is: " << var << "\n\n";
```

这是因为计算机在此作用域中只能看到一个名为 var 的变量，即该函数中定义的局部变量。

一旦作用域结束，该作用域中声明的全部变量将不复存在。它们超出了作用域范围。因此，当 func()函数结束时，其作用域也结束，func()函数中声明的所用变量将销毁。结果，func()函数中声明的值为−5 的变量 var 被销毁。

当 func()函数结束后，程序的控制权回到 main()函数，并从其离开 main()函数的位置开始继续执行。接下来执行下面一行代码，将 var 发送给 cout。

```
cout << "Back in main() var is: " << var << "\n\n";
```

main()函数的局部变量 var 的值 5 再次显示出来。您也许想知道在调用 func()函数时，main()函数中创建的 var 变量发生了什么。该变量没有被销毁，因为 main()函数还没有结束（程序的控制权只是转向了 func()函数）。当程序暂时退出一个函数进入另一个函数时，计算机保存程序在第一个函数中的位置，维护第一个函数中的所有局部变量，然后在控制权返回第一个函数时将变量恢复原状。

提示

函数中的形参就如同局部变量一般。

5.4.3　使用嵌套作用域

可以在已有的作用域中使用一对花括号创建嵌套作用域。接下来，main()函数中的下面的代码便是如此：

```
{
    cout << "In main() in a new scope var is: " << var << "\n\n";
    cout << "Creating new var in new scope.\n";
```

```
        int var = 10;  // variable in new scope, hides other variable named var
        cout << "In main() in a new scope var is: " << var << "\n\n";
    }
```

该新的作用域是 main()函数中的嵌套作用域。程序在该作用域中所做的第一件事情就是显示变量 var。如果变量在某个作用域中没有声明，计算机则在嵌套作用域中的上一层查找请求的变量，以此类推。在本例中，因为 var 在该嵌套作用域中还没有声明，计算机在 main()定义的上一层作用域中查找，并找到了 var。结果程序显示变量的值−5。

然而，接下来在该嵌套作用域中声明了一个名为 var 的新变量，并将其初始化为 10。现在将 var 发送给 cout，显示结果为 10。此次，计算机不必查找每层的嵌套作用域来寻找 var，因为本作用域有一个局部的 var 变量。不用担心，main()函数中声明的第一个 var 变量依然存在，它只是被嵌套作用域中的新的 var 变量隐藏起来了。

陷阱

尽管可以在一系列的嵌套作用域中声明同名变量，但这是不可取的，因为这会导致混淆。

接下来，当嵌套作用域结束时，等于 10 的变量 var 超出作用域范围，不复存在。然而，第一个创建的 var 依然存在，因此当用下面一行代码在 main()函数中最后一次显示 var 时，程序显示的是 5。

```
        cout << "At end of main() var is: " << var << "\n";
```

提示

当在 for 循环、while 循环、if 语句或 switch 语句中定义变量时，变量在这些结构之外不存在。它们如同在嵌套作用域中声明的变量一样。例如，在下面的代码中，变量 i 在循环以外不存在。

```
for(int i = 0; i < 10; ++i)
{
    cout << i;
}
// i doesn't exist outside the loop
```

但是要注意，有些早期的编译器没有恰当地实现标准 C++的这一功能。建议使用带现代编译器的 IDE，如 Microsoft Visual Studio Express 2013 for Windows Desktop。使用该 IDE 创建第一个项目的步骤详见附录 A。

5.5　使用全局变量

借助于封装，目前介绍的函数都被完全封闭起来，彼此之间独立。向它们传递信息的唯一方式是通过参数，而从它们获得信息的唯一方式则是通过它们的返回值。其实不完全是这样，还有另一种在程序中各部分之间共享信息的方式——**全局变量**（程序的任意部分都能访问的变量）。

5.5.1　Global Reach 程序简介

Global Reach 程序演示了全局变量。该程序展示了如何在程序的任意处访问全局变量，还展示了如何在作用域中隐藏全局变量，最后还可以在程序的任意处修改全局变量。程序结果如图 5.4 所示。

图 5.4　可以从程序的任意某处访问和修改全局变量，但是它们也能在作用域中被隐藏起来

从异步社区网站上可以下载该程序的代码。程序位于 Chapter 5 文件夹中，文件名为 global_reach.cpp。

```
// Global Reach
// Demonstrates global variables
#include <iostream>
```

```
using namespace std;
int glob = 10; // global variable
void access_global();
void hide_global();
void change_global();
int main()
{
    cout << "In main() glob is: " << glob << "\n\n";
    access_global();
    hide_global();
    cout << "In main() glob is: " << glob << "\n\n";
    change_global();
    cout << "In main() glob is: " << glob << "\n\n";
    return 0;
}
void access_global()
{
    cout << "In access_global() glob is: " << glob << "\n\n";
}
void hide_global()
{
    int glob = 0;  // hide global variable glob
    cout << "In hide_global() glob is: " << glob << "\n\n";
}
void change_global()
{
    glob = -10;  // change global variable glob
    cout << "In change_global() glob is: " << glob << "\n\n";
}
```

5.5.2　声明全局变量

在程序文件中任意函数之外可以声明全局变量。下面一行代码建了一个被初始化为 10 的，名为 glob 全局变量：

```
int glob = 10;   // global variable
```

5.5.3　访问全局变量

可以从程序的任意某处访问全局变量。为了证明这一点，下面的代码在 main() 函数中显示变量 glob：

```
cout << "In main() glob is: " << glob << "\n\n";
```

程序显示 10，因为 **glob** 作为一个全局变量对程序的任意部分都是可见的。为了再次展示这一点，接下来调用函数 access_global()，执行下面的代码：

```
cout << "In access_global() glob is: " << glob << "\n\n";
```

再一次显示了 10。这是合乎情理的，因为在每个函数中显示的都是同一个变量。

5.5.4　隐藏全局变量

可以像隐藏作用域中的任意其他变量一样隐藏全局变量，只要声明一个同名的变量就可以办到。这正是接下来调用 hide_global()函数时所做的。该函数中的关键一行代码并没有修改全局变量 glob，而是创建了一个名为 glob 的新变量，它是 hide_global()的局部变量，隐藏了全局变量 **glob**。

```
int glob = 0;  // hide global variable glob
```

因此，当接下来在 hide_global()函数中用下面一行代码将 glob 发送给 cout 时，显示的是 0：

```
cout << "In hide_global() glob is: " << glob << "\n\n";
```

全局变量 glob 在 hide_global()的作用域中一直隐藏，直到函数结束。

为了证明全局变量 **glob** 只是被隐藏而没有被修改，接下来回到 main()函数中用下面代码显示 glob：

```
cout << "In main() glob is: " << glob << "\n\n";
```

程序再一次显示 10。

陷阱

尽管可以在函数中声明与全局变量同名的变量，但这是不可取的，因为这会导致混淆。

5.5.5　修改全局变量

正如可以从程序的任意某处访问全局变量，也可以从程序的任意处对其进行修改。这正是接下来调用 change_global()函数时所做的。该函数的关键一行将−10 赋值给了全局变量 glob。

```
glob = -10; // change global variable glob
```

为了证明起到了作用，change_global()函数用下面的代码显示了全局变量 glob：

```
cout << "In change_global() glob is: " << glob << "\n\n";
```

接着回到 main()函数中，将 glob 发送给 cout：

```
cout << "In main() glob is: " << glob << "\n\n";
```

因为全局变量 glob 被修改过，所以显示结果为 −10。

5.5.6 尽量少使用全局变量

关于编程有一条箴言：可以使用并不意味着应当使用。有时，某些事情在技术上是可行的，却不是明智的。全局变量就是这样一个例子。总体而言，全局变量让程序难以理解，因为跟踪它们的值的变化可能会很困难。应当尽可能限制全局变量的使用。

5.6　使用全局常量

与能让程序难以理解的全局变量不同，**全局常量**能让程序清晰易懂。全局常量是能从程序任意某处访问的常量，其声明方式和全局变量的声明方式很相似，在任意函数以外对其进行声明即可。因为声明的是常量，所以需要使用 const 关键字。例如，下面一行代码定义了一个名为 MAX_ENEMIES 且值为 10 的全局常量（假设声明处于任意函数以外），在程序任意某处都可以访问该常量：

```
const int MAX_ENEMIES = 10;
```

陷阱

正如全局变量一样，可以通过声明一个同名的局部常量来隐藏全局常量。然而，应该避免这种做法，因为这会导致混淆。

全局常量如何让游戏程序代码更加清晰易懂？假设要编写一个动作游戏，希望限制能同时攻击可怜的玩家的敌人数目。不要在每个地方使用数字字面值，如 10，而是定义一个等于 10 的全局常量 MAX_ENEMIES。随后，一旦看到这个全局常量名，就知道它代表的准确含义。

如果在程序中不止一处需要常量，则应当使用全局常量。如果只需要在某个特定作用域（如某一个函数中）使用常量值，则使用局部常量。

5.7　使用默认参数

当编写的函数中某个参数几乎总是获得同样的值时，可以不必总是指定这一值，而是使用**默认参数**，即没有为形参指定值时所赋的值。实例如下：假设有一个设置图形显示的函数，其中有个参数可能是 bool 型的 fullScreen，用来告诉函数以全屏还是窗口模式显示游戏。如果认为调用函数时经常为 fullScreen 传递 true，可以给形参一个默认参数 true，这样就不用在每次调用该显示设置函数时都将 true 传给 fullScreen。

5.7.1　Give Me a Number 程序简介

Give Me a Number 程序向用户询问两个不同范围中的两个不同数。每次提示用户输入数字时都调用同一个函数。然而，函数的每次调用使用不同的实参值，因为程序对范围的下限使用了默认参数。即调用者可以省略表示下限的实参，函数将自动使用默认值。程序结果如图 5.5 所示。

图 5.5　第一次提示用户输入数字时，下限使用默认参数

从异步社区网站上可以下载该程序的代码。程序位于 Chapter 5 文件夹中，文件名为 give_me_a_number.cpp。

```cpp
// Give Me a Number
// Demonstrates default function arguments
#include <iostream>
#include <string>
using namespace std;
int askNumber(int high, int low = 1);
int main()
{
    int number = askNumber(5);
    cout << "Thanks for entering: " << number << "\n\n";
    number = askNumber(10, 5);
    cout << "Thanks for entering: " << number << "\n\n";
    return 0;
}
int askNumber(int high, int low)
{
    int num;
    do
    {
        cout << "Please enter a number" << " (" << low << " - " << high << "): ";
        cin >> num;
    } while (num > high || num < low);
    return num;
}
```

5.7.2 指定默认参数

函数 askNumber()有两个形参：high 和 low。这一点可以从函数原型中判断出来：

```cpp
int askNumber(int high, int low = 1);
```

注意，第二个形参 low 看起来被赋予了一个值。从某种意义上来说，确实是这样。1 是默认参数，表示如果在函数调用时不为 low 传递值，则 low 被赋值为 1。通过在形参名后面加上=和一个值来指定默认参数。

陷阱

一旦在参数列表中指定了默认参数，则必须为余下的所有形参指定默认参数。因此下面的原型是合法的：

```cpp
void setDisplay(int height, int width, int depth = 32, bool fullScreen = true);
```

而下面这个则不合法：

```cpp
void setDisplay(int width, int height, int depth = 32, bool fullScreen);
```

不必在函数定义中重复默认参数，如 **askNumber ()**函数定义一样：

```
int askNumber(int high, int low)
```

5.7.3   为形参设置默认参数

askNumber()函数请求用户输入上限与下限之间的一个数。该函数不断地询问，直到用户输入规定范围内的值，然后返回该值。下面的代码在 **main()**函数中第一次调用该函数：

```
int number = askNumber(5);
```

在这行代码中，**askNumber()**中的形参 high 被赋值为 5。因为没有为第二个形参 low 提供任何值，它被赋值为默认值 1。这意味着函数提示用户输入的数字在 1~5 之间。

陷阱

当使用默认参数调用函数时，一旦省略了某个实参，接下来的实参都必须省略。

例如，给定一个原型：

void setDisplay(int height, int width, int depth = 32, bool fullScreen = true);

该函数的合法调用可以是：

setDisplay(1680, 1050);

而不合法的调用可能是：

setDisplay(1680, 1050, false);

一旦用户输入合法的数字，**askNumber()**返回其值并结束。回到 **main()**函数中，该值被赋给 number，并显示出来。

5.7.4   重写默认参数

接下来，程序用下面的代码调用 **askNumber()**：

```
number = askNumber(10, 5);
```

这次为 low 传递了一个值 5。这完全是合法的。可以向具有默认参数的任何形参传递实参，传递的值将重写默认值。此处意味着 low 被赋值为 5。

因此，程序提示用户输入 5～10 之间的数字。一旦用户输入合法的数字，askNumber() 返回其值并结束。回到 main() 函数中，该值被赋给 number，并显示出来。

5.8 函数重载

我们已经介绍过如何为编写的每个函数指定形参列表及返回类型。但是如果希望函数功能更加多样（如可以接受不同的参数集合），应该怎么办？例如，假设要编写一个函数，该函数在用 float 表示的一组顶点上执行 3D 变换，但是同样希望它可以用于 int 型参数。不必编写两个名称不同的独立函数，而是可以使用函数重载，使单个函数可以处理不同的形参列表。这样可以使用 float 型顶点值或 int 型顶点值调用一个函数。

5.8.1 Triple 程序简介

Triple 程序将值 5 乘以 3，将"gamer"重复 3 次。程序使用单个函数实现这一功能。该函数被重载为用于两种不同类型的实参：int 型和 string 对象。程序运行示例如图 5.6 所示。

图 5.6 函数重载允许程序员使用同一函数名称重复不同类型的值

从异步社区网站上可以下载该程序的代码。程序位于 **Chapter 5** 文件夹中，文件名为 **triple.cpp**。

```
// Triple
// Demonstrates function overloading
#include <iostream>
#include <string>
using namespace std;
int triple(int number);
string triple(string text);
int main()
{
    cout << "Tripling 5: " << triple(5) << "\n\n";
    cout << "Tripling 'gamer': " << triple("gamer");
    return 0;
}
int triple(int number)
{
    return (number * 3);
}
string triple(string text)
{
    return (text + text + text);
}
```

5.8.2　创建重载函数

要创建重载函数，只需要用相同的函数名称和不同的形参列表编写多个函数定义。在 Triple 程序中，程序为函数 triple() 编写了两个函数定义，其中每个定义为其实参指定不同的类型。函数原型如下：

```
int triple(int number);
string triple(string text);
```

第一个原型接受 int 型实参，返回一个 int 型。第二个原型接受一个 string 对象，返回一个 string 对象。

在每个函数定义中，可以看到返回的值是传递过去值的 3 倍。第一个函数中，返回值是传递过去的 int 类型的值的 3 倍。第二个函数中，返回值是传递过去的 string 对象的 3 次重复。

要实现函数重载，需要使用不同形参列表为同一函数编写不同的定义。注意，这里没有提到返回类型。这是因为如果编写的两个函数定义只有返回类型不同，将会导致编译错误。例如，一个程序中不能同时包含下面两个原型：

```
int Bonus(int);
float Bonus(int);
```

5.8.3　调用重载函数

调用重载函数的方式和调用其他任意函数一样，都是通过函数名称和合法的实参集合进行调用。但是对于重载函数，编译器（基于实参值）决定调用哪个函数定义。例如，在用下面一行代码调用 triple()，并使用 int 类型的值作为实参时，编译器知道应当调用使用 int 型作为实参的函数定义。因此，函数返回 int 型的值 15。

```
cout << "Tripling 5: " << triple(5) << "\n\n";
```

再用下面一行代码调用 triple()：

```
cout << "Tripling 'gamer': " << triple("gamer");
```

因为使用 string 字面值作为实参，编译器知道应当调用使用 string 对象作为参数的函数定义。因此，函数返回等于 gamergamergamer 的 string 对象。

5.9　内联函数

调用函数会有较小的性能代价。正常而言，这不会有太大影响，因为代价相对较小。然而，对于非常小的函数（如只有一两行的函数），有时可以通过内联提升程序性能。函数内联让编译器将函数复制到其调用处。于是，每次调用函数时，程序的控制权不必跳转到不同的位置。

5.9.1　Taking Damage 程序简介

Taking Damage 程序模拟当角色受到辐射伤害时生命值受到的影响。角色在每次伤害中失去一半的生命值。好在程序只模拟 3 次辐射，于是避免了角色悲惨的结局。程序将计算角色新的生命值的小函数进行内联。程序结果如图 5.7 所示。

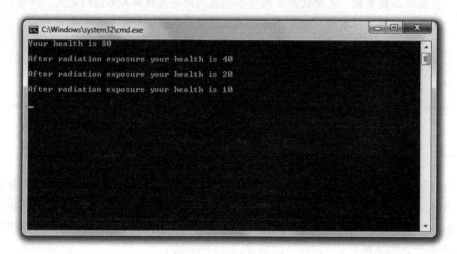

图 5.7　通过内联函数减少角色的生命值

从异步社区网站上可以下载该程序的代码。程序位于 **Chapter 5** 文件夹中，文件名为 **taking_damage.cpp**。

```cpp
// Taking Damage
// Demonstrates function inlining
#include <iostream>
int radiation(int health);
using namespace std;
int main()
{
    int health = 80;
    cout << "Your health is " << health << "\n\n";
    health = radiation(health);
    cout << "After radiation exposure your health is " << health << "\n\n";
    health = radiation(health);
    cout << "After radiation exposure your health is " << health << "\n\n";
    health = radiation(health);
    cout << "After radiation exposure your health is " << health << "\n\n";
    return 0;
}
inline int radiation(int health)
{
    return (health / 2);
}
```

5.9.2　函数内联的指定

要将一个函数标记为内联函数，只需将 inline 置于函数定义之前，如下面的函数定义所示：

```
inline int radiation(int health)
```

注意，在函数声明中不使用 inline：

```
int radiation(int health);
```

通过 inline 标记函数，让编译器将函数直接复制到调用的代码处。这省去了函数调用的开销，即程序控制权不必跳转到代码的另一部分。对于较小的函数，这能带来性能提升。

然而，内联不一定就能提升性能。实际上，内联的滥用可能导致更差的性能，因为函数内联对函数进行了额外的复制，可能会显著地增加内存消耗。

提示

> 将函数标记为内联时，实际上是在请求编译器将该函数作为内联函数。编译器最终决定是否将该函数内联。如果编译器认为内联不会提升性能，则不会对其进行内联。

5.9.3　调用内联函数

内联函数的调用方法与非内联函数没有区别，如对 radiation() 的第一次调用所示：

```
health = radiation(health);
```

这行代码将 health 原始值的一半赋给了自己。假设编译器同意了内联的请求，则这段代码没有进行函数调用。编译器所做的只是将削减生命值的代码置于程序的此处。实际上，编译器在 3 次调用该函数时都是这么做的。

现实世界

> 尽管为性能绞尽脑汁是游戏程序员的嗜好，但太过关注速度是很危险的。实际上，在追求较小的性能增益之前，许多开发人员采取的办法是先让游戏正常运行。然后，程序员通过对其代码运行某种实用程序（分析器）来分析游戏程序在哪些地方消耗了时间。如果程序员找到瓶颈，他或她可能考虑手工优化，如使用内联函数。

5.10 Mad Lib 游戏简介

Mad Lib 游戏向用户请求协助来创建一个故事。用户提供一个人的名字、一个复数形式的名词、一个数字和一个动词。程序用这些信息创建一个个性化的故事。程序的运行示例如图 5.8 所示。

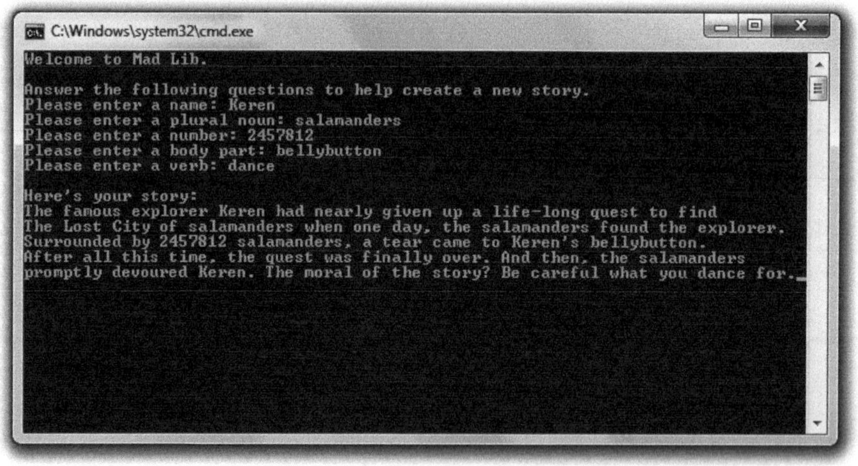

图 5.8　用户提供所有需要的信息后，程序显示这个故事

从异步社区网站上可以下载该程序的代码。程序位于 Chapter 5 文件夹中，文件名为 mad_lib.cpp。

5.10.1 创建程序

如往常一样，我们使用一些注释来开始程序，并包含了必要的文件。

```
// Mad-Lib
// Creates a story based on user input
#include <iostream>
#include <string>
using namespace std;
```

```
string askText(string prompt);
int askNumber(string prompt);
void tellStory(string name, string noun, int number, string bodyPart, string verb);
```

从函数原型可以看出，除了 main()函数外，还有 3 个函数：askText()、askNumber() 和 tellStory()。

5.10.2　main()函数

main()函数调用了其他所有函数。它调用函数 askText()从用户获取名字、复数形式的名词、肢体与动词，调用 askNumber()从用户获取一个数字，调用 tellStory()来使用用户提供的所有信息生成并显示这个故事。

```
int main()
{
    cout << "Welcome to Mad Lib.\n\n";
    cout << "Answer the following questions to help create a new story.\n";
    string name = askText("Please enter a name: ");
    string noun = askText("Please enter a plural noun: ");
    int number = askNumber("Please enter a number: ");
    string bodyPart = askText("Please enter a body part: ");
    string verb = askText("Please enter a verb: ");
    tellStory(name, noun, number, bodyPart, verb);
    return 0;
}
```

5.10.3　askText()函数

askText()函数从用户获取一个字符串。该函数是多功能的，接受一个用于提示用户的 string 型参数。因此，可以调用这一函数询问用户各种不同的信息，包括名字、复数形式的名词、肢体与动词。

```
string askText(string prompt)
{
    string text;
    cout << prompt;
    cin >> text;
    return text;
}
```

陷阱

记住，这里的 cin 只能用于没有空白字符（如制表符或空格）的字符串。因此，当提示用户输入身体的某部分时，可以输入 bellybutton，但输入 medulla oblongata 则会导致程序出问题。

虽然有办法弥补这一点，但是这需要讨论有关流的知识，超出了本书的范围。因此还是像这样使用 cin，但是要注意它的限制。

5.10.4　askNumber ()函数

askNumber()函数从用户获取一个整数。尽管在程序中只有一次调用该函数，但这个函数功能很强大，因为它接受一个用于提示用户的 string 类型的参数。

```
int askNumber(string prompt)
{
    int num;
    cout << prompt;
    cin >> num;
    return num;
}
```

5.10.5　tellStory()函数

tellStory()函数接受用户输入的所有信息，并用这些信息显示出一个个性化的故事。

```
void tellStory(string name, string noun, int number, string bodyPart, string verb)
{
    cout << "\nHere's your story:\n";
    cout << "The famous explorer ";
    cout << name;
    cout << " had nearly given up a life-long quest to find\n";
    cout << "The Lost City of ";
    cout << noun;
    cout << " when one day, the ";
    cout << noun;
    cout << " found the explorer.\n";
```

```
    cout << "Surrounded by ";
    cout << number;
    cout << " " << noun;
    cout << ", a tear came to ";
    cout << name << "'s ";
    cout << bodyPart << ".\n";
    cout << "After all this time, the quest was finally over. ";
    cout << "And then, the ";
    cout << noun << "\n";
    cout << "promptly devoured ";
    cout << name << ". ";
    cout << "The moral of the story? Be careful what you ";
    cout << verb;
    cout << " for.";
}
```

5.11 本章小结

本章介绍了以下概念：
- 函数允许程序员将程序分解为可管理的代码块。
- 声明函数的一种方式是编写函数原型，它是列出函数的返回值、名称和形参类型的代码。
- 函数定义就是让函数运行的所有代码。
- 可以使用 return 语句从函数返回一个值，也可以使用 return 结束一个以 void 作为返回类型的函数。
- 变量的作用域决定变量在程序中的可见范围。
- 全局变量在程序中任意部分都可以访问。一般来说，应当限制全局变量的使用。
- 全局常量在程序中任意部分都可以访问。使用全局常量可以让程序代码更加清晰。
- 如果在函数调用中没有给形参指定值，则将默认参数赋给形参。
- 函数重载是给同一函数创建多种定义的过程，每种定义都有不同的形参集合。
- 函数内联是请求编译器对函数进行内联的过程，即编译器将函数复制到函数被调用的代码处。对非常小的函数进行内联有时可以带来性能提升。

5.12　问与答

问：为什么应当编写函数？

答：函数允许将程序分解为多个逻辑块。这些逻辑块形成更小、更易于管理的代码块。这些代码块比庞大的程序更易于使用。

问：什么是封装？

答：本质上而言，封装是指将事物分离。例如，函数封装使函数中声明的变量在函数以外无法被访问。

问：实参与形参之间的区别是什么？

答：实参用来在函数调用中向函数传递值。形参用来在函数定义中接受传递给函数的值。

问：函数中可以有一个以上的 return 语句吗？

答：当然可以。实际上，可能需要多个 return 语句来指定函数的不同终止点。

问：什么是局部变量？

答：定义在作用域中的变量。所有定义在函数中的变量都是局部变量，它们对于函数而言是局部的。

问：隐藏变量是什么意思？

答：当在某个新的作用域中声明一个与外层作用域同名的变量时，外层作用域中的变量便被隐藏了。结果是，无法在内层作用域中使用该变量名访问外层作用域中的变量。

问：变量什么时候超出作用域？

答：当创建变量的作用域结束时，该变量便超出了作用域。

问：变量超出作用域是什么意思？

答：该变量不复存在。

问：什么是嵌套作用域？

答：在已有作用域中创建的作用域就是嵌套作用域。

问：实参必须与它传递给的形参同名吗？

答：不必。完全可以使用不同的名称。从函数调用传递给函数的只是值。

问：可以编写函数来调用其他函数吗？

答：当然可以。实际上，无论何时在 main() 中调用编写的函数，都是在做这样一件事情。另外，还可以编写 main() 以外的函数来调用其他函数。

问：什么是代码分析？

答：这是指记录程序的各部分占用多少 CPU 时间的过程。

问：为什么要分析代码？

答：为了确定程序的瓶颈。有时在试图对某部分代码进行优化时，对它们进行分析是有意义的。

问：程序员在什么时候分析代码？

答：通常在游戏项目接近尾声时分析。

问：什么是过早优化？

答：这是指在开发过程中过早地尝试优化代码。代码优化通常在游戏项目接近尾声时才有意义。

5.13 问题讨论

1. 函数封装如何有助于编写更好的程序？
2. 全局变量为什么让代码更加难懂？
3. 全局常量如何让代码更加清晰？
4. 优化代码有何利弊？
5. 软件重用对于游戏产业有何益处？

5.14 习题

1. 下面的原型存在什么问题？

```
int askNumber(int low = 1, int high);
```

2. 使用函数重写第 4 章的 Hangman 游戏。程序要包含一个获取用户猜测的函数和确定用户猜测是否在所猜单词之中的函数。

3. 使用默认参数编写一个函数，向用户询问一个数字，并返回该数字。此函数应当从调用代码接受一个字符串提示。如果调用者没有提供提示字符串，则函数应当使用一般性的提示。然后，使用函数重载编写获得相同结果的函数。

第**6**章
引用：Tic-Tac-Toe

引用的概念很简单，但是其含义却很复杂。本章将介绍引用，以及如何使用它们编写更高效的游戏代码。具体而言，本章内容如下：

- 创建引用；
- 访问和修改被引用的值；
- 为改变实参的值或者提升效率而给函数传递引用；
- 为提升效率或者改变值而从函数返回引用。

6.1 使用引用

引用为变量提供另一个名称。对引用所做的任何操作都作用于它所指向的对象。可以将引用想象成变量的昵称，即变量的另一个名称。本章的第一个程序将展示创建引用的方法。然后，接下来的一些程序将展示使用引用的理由以及它们改进游戏程序的原理。

6.1.1 Referencing 程序简介

Referencing 程序对引用进行了演示。该程序声明并初始化一个存储分数的变量，然后创建一个指向该变量的引用。程序使用变量及其引用来显示分数，为的是展示它们访问的是同一个值。接下来，程序展示了可以通过变量或其引用对这个值进行修改。程序如图 6.1 所示。

从异步社区网站上可以下载该程序的代码。程序位于 **Chapter 6** 文件夹中，文件名为 **referencing.cpp**。

```cpp
// Referencing
// Demonstrates using references
#include <iostream>
using namespace std;
int main()
{
    int myScore = 1000;
    int& mikesScore = myScore; //create a reference
    cout << "myScore is: " << myScore << "\n";
    cout << "mikesScore is: " << mikesScore << "\n\n";
    cout << "Adding 500 to myScore\n";
    myScore += 500;
    cout << "myScore is: " << myScore << "\n";
    cout << "mikesScore is: " << mikesScore << "\n\n";
    cout << "Adding 500 to mikesScore\n";
    mikesScore += 500;
    cout << "myScore is: " << myScore << "\n";
    cout << "mikesScore is: " << mikesScore << "\n\n";
    return 0;
}
```

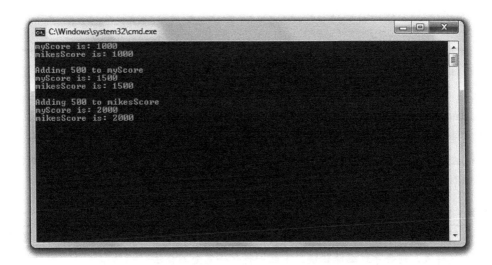

图 6.1　变量 myScore 及其引用 mikesScore 都是表示分数值的名称

6.1.2　创建引用

main()函数所做的第一件事情是创建一个存储分数的变量：

```
int myScore = 1000;
```

然后创建一个指向 myScore 的引用：

```
int& mikesScore = myScore;   //create a reference
```

上面一行代码声明并初始化指向 myScore 的引用 mikesScore。mikesScore 是 myScore 的别名。mikesScore 没有存储它自己的 int 型值，它只是获取 myScore 存储的 int 型值的另一种方式。

声明并初始化一个引用的方法是，首先写下该引用指向的值的类型，然后是引用运算符（&）和引用的名称，接着是=符号，最后是引用指向的变量。

技巧

有时，程序员使用字母“r”作为引用名的前缀来提醒自己使用的是引用。程序员的程序可能包含下面两行代码：

```
int playerScore = 1000;
int& rScore = playerScore;
```

理解引用的一种方式是将它们想象成变量的昵称。例如，假设您有一个名为 Eugene 的朋友，并且他（可以理解地）要求用昵称称呼他——Gibby（没什么改进之处，但这就是 Eugene 想要的）。所以当与这位朋友参加聚会时，可以使用 Eugene 或 Gibby 称呼他。您的朋友是一个人，但是可以使用名字或昵称来称呼。这与变量和指向变量的引用的原理一样。可以使用变量名或指向变量的引用名来获取存储在该变量中的值。最终，无论做什么，都尽量不要用 Eugene 来命名变量。

陷阱

因为引用必须总是指向另一个值，所以声明引用时必须对其进行初始化。如果不这样做，则会导致编译错误。下面一行代码完全不合法：

```
int& mikesScore;   //don't try this at home!
```

6.1.3 访问被引用的值

接下来程序将 myScore 和 mikesScore 发送给 cout：

```
cout << "myScore is: " << myScore << "\n";
cout << "mikesScore is: " << mikesScore << "\n\n";
```

这两行代码都显示 1000，因为它们都访问了存储数字 1000 的同一块内存。记住，这里只有一个值，且这个值存储在变量 myScore 中。mikesScore 只是提供了获得该值的另一种方式。

6.1.4 修改被引用的值

接下来，程序将 myScore 的值增加了 500：

```
myScore += 500;
```

当程序将 myScore 发送给 cout 时，如预期的一样，显示的是 1500。将 mikesScore 发送给 cout，显示的还是 1500。同样的道理，这是因为 mikesScore 只是变量 myScore 的另一个名称。本质上而言，两次发送给 cout 的是相同的变量。

接下来程序将 mikesScore 增加了 500：

```
mikesScore += 500;
```

因为 mikesScore 只是 myScore 的另一个名称，所以上面一行代码将 myScore 的值增加 500。因此当程序接下来将 myScore 发送给 cout 时，显示的是 2000。当程序将 mikesScore 发送给 cout 时，显示的还是 2000。

陷阱

引用总是指向其初始化时所用的变量。不可以将引用重新赋值用于引用其他变量，因此下面代码的结果可能不是那么明显：

```
int myScore = 1000;
int& mikesScore = myScore;
int larrysScore = 2500;
mikesScore = larrysScore;  //may not do what you think!
```

因为引用无法被重新赋值，mikesScore = larrysScore;这一行代码没有将引用 mikesScore 重新赋值，因此它指向 myScore。然而，因为 mikesScore 只是 myScore 的另一个名称，代码 mikesScore = larrysScore;等于 myScore = lanys Score;，意思是将 2500 赋给 myScore，当所有这些操作完成后，myScore 的值为 2500，而 mikesScore 仍然指向 myScore。

6.2 通过传递引用改变实参

在介绍了引用的工作原理之后，您或许会想知道使用它们的理由。当要给函数传递变量时，引用非常方便，因为传递变量时，函数获得变量的副本，即不能修改传递的原始变量（称为**实参变量**）。有时这或许正是所需要的，因为这样可以保证实参的安全，使其无法被修改。但是在其他时候，也许希望从接受实参的函数内部对实参进行修改。使用引用可以实现这一目的。

6.2.1 Swap 程序简介

Swap 程序定义了两个变量：一个存储我那可怜的低分，另一个存储您的高分。显示这些分数之后，程序调用一个函数用来交换这两个分数。但是因为只有分值的副本传递到函数中，存储分数的实参并没有被修改。接下来，程序调用另一个交换函数。此次通过使用引用，程序成功地交换了实参的值，将高分给我，并且给您留下那个较低的分数。程序运行示例如图 6.2 所示。

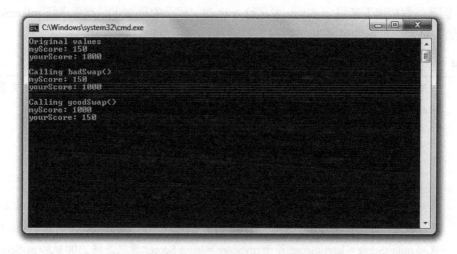

图 6.2　传递引用允许 goodSwap()函数改变实参

从异步社区网站上可以下载该程序的代码。程序位于 Chapter 6 文件夹中，文件名为
swap.cpp。

```cpp
// Swap
// Demonstrates passing references to alter argument variables
#include <iostream>
using namespace std;
void badSwap(int x, int y);
void goodSwap(int& x, int& y);
int main()
{
    int myScore = 150;
    int yourScore = 1000;
    cout << "Original values\n";
    cout << "myScore: " << myScore << "\n";
    cout << "yourScore: " << yourScore << "\n\n";
    cout << "Calling badSwap()\n";
    badSwap(myScore, yourScore);
    cout << "myScore: " << myScore << "\n";
    cout << "yourScore: " << yourScore << "\n\n";
    cout << "Calling goodSwap()\n";
    goodSwap(myScore, yourScore);
    cout << "myScore: " << myScore << "\n";
    cout << "yourScore: " << yourScore << "\n";
    return 0;
}
void badSwap(int x, int y)
{
    int temp = x;
    x = y;
    y = temp;
}
void goodSwap(int& x, int& y)
{
    int temp = x;
    x = y;
    y = temp;
}
```

6.2.2　按值传递参数

在声明和初始化 myScore 和 yourScore 之后，程序将它们发送给 cout。和预期的一样，

显示结果是 150 和 1000。接下来，程序调用 badSwap()。

如果使用目前介绍过的方式（普通变量，而不是引用）指定形参，这意味着形参的实参通过值传递，即形参将会获得实参的一份副本，而不是访问实参自身。通过观察 badSwap() 的函数头部，可以判断函数调用通过值来传递它的两个实参：

```
void badSwap(int x, int y)
```

也就是说，当程序使用下面一行代码调用 badSwap() 时，myScore 和 yourScore 的副本传送给了形参 x 和 y：

```
badSwap(myScore, yourScore);
```

具体而言，x 赋值为 150，y 赋值为 1000。因此，函数 badSwap() 中对 x 和 y 所做的所有操作对 myScore 和 yourScore 都没有任何影响。

当 badSwap() 执行其核心部分时，x 和 y 确实交换了值：x 变成 1000，y 变成 150。然而，当函数结束时，x 和 y 都超出作用域并且不复存在。程序控制权随后返回到 main() 函数，其中 myScore 和 yourScore 没有改变。于是，当程序将 myScore 和 yourScore 发送给 cout 时，还是显示 150 和 1000。遗憾的是，我依然是低分而您依然是高分。

6.2.3 按引用传递参数

通过将指向实参的引用传递给形参可以让函数拥有实参的访问权。因此，任何对形参的操作都会对实参起作用。要按引用传递参数，首先必须将形参声明为引用。

从 goodSwap() 的函数头可以判断出，调用该函数用的两个实参都是通过引用传递的：

```
void goodSwap(int& x, int& y)
```

这意味着当程序使用下面一行代码调用 goodSwap() 时，形参 x 将会引用 myScore，而形参 y 将会引用 yourScore。

```
goodSwap(myScore, yourScore);
```

也就是说，x 只是 myScore 的另一个名称，且 y 只是 yourScore 的另一个名称。当 goodSwap() 执行且 x 和 y 交换值时，真正发生的是 myScore 和 yourScore 交换了值。

函数结束后，程序的控制权返回 main() 函数，然后程序将 myScore 和 yourScore 发送给了 cout。此次显示的是 1000 和 150。这两个变量已经交换了值。我得到了较高的分数，且将较低的分数留给了您。我终于赢了！

6.3　传递引用以提高效率

通过值传递变量会造成一些额外开销，因为在把变量赋值给形参之前必须对其进行复制。在谈论如 int 或 float 这样简单内置类型的变量时，这种开销可以忽略不计。但是对于像表示整个 3D 世界的大型对象而言，复制的开销可能会很大。另一方面，通过引用传递参数则效率较高，因为这样不需要对实参进行复制，而只是通过引用向函数提供已存在对象的访问权。

6.3.1　Inventory Displayer 程序简介

Inventory Displayer 程序创建了一个字符串的向量，用于表示主人公的物品栏，随后调用了一个显示物品栏的函数。程序传递给显示函数的是物品向量的引用，因此这是一个高效的函数调用，没有对传递的向量进行复制。然而，还是有一些新的东西。程序以一种特殊类型的引用传递该向量，这样防止显示函数对向量进行修改。程序如图 6.3 所示。

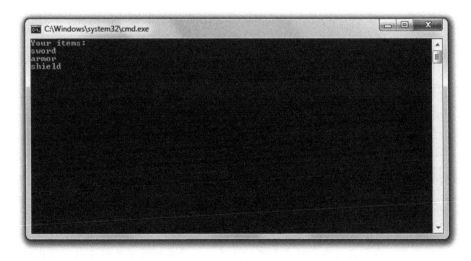

图 6.3　向量 inventory 以一种安全、高效的方式传递给显示主人公物品的函数

从异步社区网站上可以下载该程序的代码。程序位于 **Chapter 6** 文件夹中，文件名为 **inventory_displayer.cpp**。

```
// Inventory Displayer
// Demonstrates constant references
#include <iostream>
#include <string>
#include <vector>
using namespace std;
//parameter vec is a constant reference to a vector of strings
void display(const vector<string>& inventory);
int main()
{
    vector<string> inventory;
    inventory.push_back("sword");
    inventory.push_back("armor");
    inventory.push_back("shield");
    display(inventory);
    return 0;
}
//parameter vec is a constant reference to a vector of strings
void display(const vector<string>& vec)
{
    cout << "Your items:\n";
    for (vector<string>::const_iterator iter = vec.begin();
        iter != vec.end(); ++iter)
    {
        cout << *iter << endl;
    }
}
```

6.3.2 引用传递的陷阱

高效地对函数赋予一个较大对象的访问权的方法是通过引用传递该对象。然而，这引入了一个潜在问题。如在 Swap 程序中所见到的，引用使实参可以被修改。但是如果不希望修改实参呢？存不存在一种方法既可以拥有按引用传递参数的高效，又可以保护实参的完整性？是的，存在这样的方法。答案是传递常量引用。

> **提示**
>
> 总体而言，我们应当避免对实参进行修改，尽量编写通过送回值向调用代码返回新信息的函数。

6.3.3 以常量引用声明参数

函数 display()展示了主人公的物品栏。函数的头部指定了一个参数—— 一个指向 string 对象向量的名为 vec 的常量引用。

```
void display(const vector<string>& vec)
```

常量引用是受限的引用。它看起来和其他引用一样，只是无法使用它来修改其引用的值。要创建一个常量引用，只需要将关键字 const 置于引用声明的类型之前。

这对于函数 display()有什么意义？因为形参 vec 是常量引用，display()无法修改 vec。换而言之，这意味着 inventory 是安全的，它无法被 display()修改。总体而言，可以将实参作为常量引用高效地传递给函数，这样函数可以对它进行访问，但不能修改。这如同为函数提供实参的只读访问权。尽管在指定函数形参时，常量引用非常有用，但我们可以在程序的任意一处使用它们。

提示

> 常量引用在另一些方面也很有用处。如果需要将某个常量值赋给一个引用，必须将其赋给一个常量引用（非常量引用无法这样做）。

6.3.4 传递常量引用

回到 main()函数中，程序创建了 inventory，随后使用下面一行代码调用 display()，以常量引用传递 inventory 向量。

```
display(inventory);
```

这行代码中的函数调用是高效且安全的。之所以高效，是因为只传递了引用，而没有对向量进行复制。之所以安全，是因为指向向量的引用是常量引用，display()无法对 inventory 进行修改。

提示

> 无法修改标记为常量引用的形参。如果试图这么做，会导致编译错误。

接下来，display()用指向 inventory 的常量引用列出了向量中的元素。随后，控制权返回到 main()中，程序结束。

6.4　如何传递实参

至此，我们已经介绍了 3 种不同的传递参数的方式：按值传递、按引用传递以及按常量引用传递。那么如何确定使用哪种方法？这里给出一些准则：

- **按值传递参数**。当实参是如 bool、int 或 float 般的基本内置类型时，使用按值传递参数。这些类型的对象很小，以至于按引用传递参数不会获得任何效率上的提升。当希望让计算机对变量进行复制时，也应当使用按值传递参数。如果计划在函数中修改参数，但不希望影响到真正的实参，那么就使用复制的方法。
- **按常量引用传递参数**。当希望高效地传递值，但又不需要对其进行修改时，则传递常量引用。
- **按引用传递参数**。只有在希望改变实参的值时，才使用按引用传递参数。然而，应当尽可能避免对实参的修改。

6.5　返回引用

正如在传递值时一样，从函数返回值时，真正返回的是该值的副本。同样的，对于基本内置类型的值而言，这不会有较大影响。然而，如果返回的是一个较大的对象，这个操作的开销可能会较大。返回引用则是高效的选择。

6.5.1　Inventory Referencer 程序简介

Inventory Referencer 程序演示引用的返回。通过使用返回的引用，该程序显示了存储主人公物品栏的向量中的元素，随后又修改了其中的一个物品。程序结果如图 6.4 所示。

从异步社区网站上可以下载该程序的代码。程序位于 Chapter 6 文件夹中，文件名为 inventory_referencer.cpp。

图 6.4　程序用返回的引用显示并修改主人公物品栏中的物品

```cpp
// Inventory Referencer
// Demonstrates returning a reference
#include <iostream>
#include <string>
#include <vector>
using namespace std;
//returns a reference to a string
string& refToElement(vector<string>& inventory, int i);
int main()
{
    vector<string> inventory;
    inventory.push_back("sword");
    inventory.push_back("armor");
    inventory.push_back("shield");
    //displays string that the returned reference refers to
    cout << "Sending the returned reference to cout:\n";
    cout << refToElement(inventory, 0) << "\n\n";
    //assigns one reference to another -- inexpensive assignment
    cout << "Assigning the returned reference to another reference.\n";
    string& rStr = refToElement(inventory, 1);
    cout << "Sending the new reference to cout:\n";
    cout << rStr << "\n\n";
    //copies a string object -- expensive assignment
    cout << "Assigning the returned reference to a string object.\n";
    string str = refToElement(inventory, 2);
    cout << "Sending the new string object to cout:\n";
    cout << str << "\n\n";
    //altering the string object through a returned reference
```

```
        cout << "Altering an object through a returned reference.\n";
        rStr = "Healing Potion";
        cout << "Sending the altered object to cout:\n";
        cout << inventory[1] << endl;
        return 0;
}
//returns a reference to a string
string& refToElement(vector<string>& vec, int i)
{
        return vec[i];
}
```

6.5.2　返回一个引用

在从函数中返回一个引用之前，必须指定要返回的是一个引用。这正是 refToElement() 函数的头部所做的。

```
string& refToElement(vector<string>& inventory, int i)
```

在指定返回类型时，通过在 string&中使用引用运算符，说明函数将会返回一个指向 string 对象的引用（不是 string 对象自身）。可以如程序中所做的那样使用引用运算符，将函数返回的引用指定为指向某个特定类型的对象。只需要将引用运算符置于返回的类型名之后即可。

refToElement() 的函数体只包含了一条语句，它返回向量中位置 i 处的元素的引用。

```
        return vec[i];
```

注意，return 语句并没有表明函数返回的是一个引用。函数头部和函数原型决定函数返回的是对象还是对象的引用。

陷阱

尽管返回引用是从函数向调用函数反馈信息的有效方法，但是必须小心，返回的引用不能指向超出作用域范围的对象，因为这些对象已不复存在。例如，下面代码返回一个 string 对象的引用，但该对象在函数结束后不复存在，这是不合法的。

```
string& badReference()
{
        string local = "This string will cease to exist once the function ends.";
        return local;
}
```

避免这类问题的一种方法是不要返回局部变量的引用。

6.5.3 显示返回的引用的值

创建物品的向量 inventory 后，程序通过返回的引用显示第一个物品。

```
cout << refToElement(inventory, 0) << "\n\n";
```

上面的代码调用 refToElement()，它返回 inventory 中位置 0 的元素的引用，代码随后将引用发送给 cout，因此显示的是 sword。

6.5.4 将返回的引用赋值给引用

接下来，程序用下面一行代码将返回的引用赋值给另一个引用。这行代码将 inventory 中位置 1 处的元素的引用赋值给 rStr。

```
string& rStr = refToElement(inventory, 1);
```

这是一条高效的赋值语句，因为将引用赋值给引用不涉及对象的复制。随后，程序将 rStr 发送给 cout，显示出 armor。

6.5.5 将返回的引用赋值给变量

接下来，程序将返回的引用赋值给一个变量。

```
string str = refToElement(inventory, 2);
```

上面的代码没有将引用赋值给 str。它无法做到这一点，因为 str 是一个 string 对象。代码所做的是将返回的引用所指向的元素（inventory 中位置 2 处的元素）进行复制，然后将该 string 对象的新的副本赋值给 str。因为这种赋值涉及对象的复制，所以它比将引用赋值给引用的开销更大。某些时候，这种形式的对象复制带来的开销是完全可接受的，但是应当意识到与这种赋值有关的额外开销，并在必要的时候加以避免。

接下来，程序将新的 string 对象 str 发送给 cout，显示出 shield。

6.5.6　通过返回的引用修改对象

还可以对返回的引用指向的对象进行修改。即可以通过 **rStr** 修改主人公的物品栏，如下面一行代码所示。

```
rStr = "Healing Potion";
```

因为 **rStr** 指向 inventory 中位置 1 处的元素，这段代码修改了 inventory[l]，使其等于 "Healing Potion"。为了证明这一点，程序使用下面一行代码显示了该元素，显示结果的确是 Healing Potion。

```
cout << inventory[1] << endl;
```

如果需要保护 inventory，使 refToElement()返回的引用不能用来修改向量，则应该将函数的返回类型指定为常量引用。

6.6　Tic-Tac-Toe 游戏简介

本章的游戏项目将介绍如何使用 AI（Artificial Intelligence，人工智能）来创建计算机对手。在该游戏中，玩家和计算机进行一场高赌注的人机 Tic-Tac-Toe 决战。计算机的棋艺令人生畏（尽管不是很完美），并且通过使其人格化来让比赛更有趣。比赛开始时如图 6.5 所示。

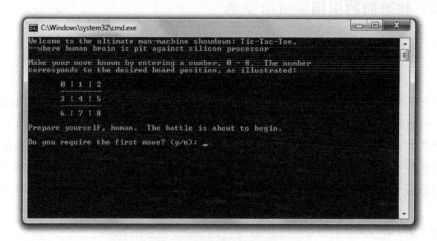

图 6.5　计算机充满了信心

6.6.1　游戏规划

该游戏项目是目前为止最大的项目。您当然已具备了创建该游戏所需的全部技能，但是我们将经历一个更长的规划阶段来协助您把握全局并理解如何创建更大型的程序。记住，编程最重要的部分是程序规划。如果没有路线图，则无法到达预定目的地（或者因为在风景线上旅行而花费更长时间）。

现实世界

在程序员编写任何游戏代码之前，游戏设计者已在概念书、设计文档和原型上花费了数不清的时间。一旦设计工作完成，程序员便开始他们的工作——更多的规划。只有在程序员写下他们自己的技术设计之后，他们才开始认真编码。这说明了什么？规划。在蓝图上规划之后再构建一栋50层的建筑要容易多了。

---

1. 编写伪代码

回到您最喜欢、但并不是一门真正语言的语言——伪代码。因为我们将使用函数来完成程序的大部分任务，因此可以在相当抽象的层面上考虑代码。伪代码的每一行应当像是一个函数调用。之后，所有要做的则是编写伪代码所暗示的函数。伪代码如下：

```
Create an empty Tic-Tac-Toe board
Display the game instructions
Determine who goes first
Display the board
While nobody has won and it's not a tie
    If it's the human's turn
        Get the human's move
        Update the board with the human's move
    Otherwise
        Calculate the computer's move
        Update the board with the computer's move
    Display the board
    Switch turns
Congratulate the winner or declare a tie
```

2. 数据的表示

现在有了一个不错的规划，但它相当抽象，并且涉及还没有真正定义的元素。将一招棋看作是在游戏棋盘上放置一枚棋子。但是具体要如何表示游戏棋盘？如何表示棋子和一招棋?

　　既然要在屏幕上显示游戏棋盘，为何不就将棋子表示成单个字符：一个 X 或一个 0？空位置可以是空白字符。因此，棋盘本身可以是字符向量。井字棋游戏的棋盘上有 9 个方格，因此向量应当有 9 个元素，棋盘上的每个方格对应向量中的每个元素，如图 6.6 所示。

　　棋盘上的每个方格或位置由数字 0～8 表示。也就是说，向量有 9 个元素，分别对应位置 0～8。因为每一招棋表示放置棋子的一个方格，所以一招棋也只是一个 0～8 的数字，即可用 int 型值表示。

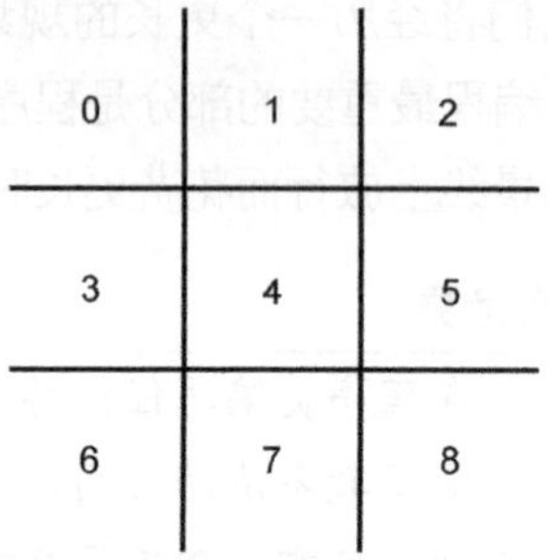

　　和棋子一样，玩家和计算机也能用 char 型值表示：'X'或'O'。表示当前走棋一方的变量也是 char 型值'X'或'O'。

图 6.6　每个方格的数字对应表示棋盘的向量中的某个位置

　　3.　创建函数列表

　　伪代码暗示了所需的不同函数。为它们创建一个列表，考虑各自的功能、拥有的参数以及返回值。结果如表 6-1 所示。

表 6-1　Tic-Tac-Toe 的函数

函　数	描　述
void instructions()	显示游戏操作指南
char askYesNo(string question)	询问是或否。接受一个问题作为参数，返回'y'或'n'
int askNumber(string question, int high, int low = 0)	询问一定范围内的数字。接受一个问题、一个范围下限和一个范围上限作为参数。返回 low 到 high 之间的数字
char humanPiece()	确定玩家的棋子，返回'X'或'O'
char opponent(char piece)	计算给定棋子的应对棋子。接受'X'或'O'，返回'X'或'O'
void displayBoard(const vector <char>& board)	在屏幕上显示棋盘。接受棋盘作为参数
char winner(const vector<char>& board)	确定游戏的胜者。接受棋盘作为参数，返回'X'、'O'、'T'（表示和棋）或'N'（表示还没有哪一方胜出）
bool isLegal(const vector<char>& board, int move)	确定一招棋的合法性。接受一个棋盘与一招棋作为参数，返回 true 或 false
int humanMove(const vector<char> & board, char human)	获取人类玩家的一招棋。接受一个棋盘与人类玩家的棋子作为参数，返回玩家的一招棋
int computerMove(vector<char> board, char computer)	计算计算机的一招棋。接受一个棋盘与计算机的棋子作为参数，返回计算机的一招棋
void announceWinner(char winner, char computer, char human)	恭喜胜者或宣布和棋。接受胜出方、计算机的棋子与人类玩家的棋子作为参数

6.6.2 创建程序

从异步社区网站上可以下载该程序的代码。程序位于 **Chapter 6** 文件夹中，文件名为 **tic-tac-toe.cpp**。下面将逐步分析代码。

程序所做的第一件事情是包含所需的文件，定义一些全局常量以及编写函数原型。

```cpp
// Tic-Tac-Toe
// Plays the game of tic-tac-toe against a human opponent
#include <iostream>
#include <string>
#include <vector>
#include <algorithm>
using namespace std;
// global constants
const char X = 'X';
const char O = 'O';
const char EMPTY = ' ';
const char TIE = 'T';
const char NO_ONE = 'N';;
// function prototypes
void instructions();
char askYesNo(string question);
int askNumber(string question, int high, int low = 0);
char humanPiece();
char opponent(char piece);
void displayBoard(const vector<char>& board);
char winner(const vector<char>& board);
bool isLegal(const vector<char>& board, int move);
int humanMove(const vector<char>& board, char human);
int computerMove(vector<char> board, char computer);
void announceWinner(char winner, char computer, char human);
```

在全局常量部分，X 是字符'X'的，表示游戏中的一个棋子。O 表示字符'O'，表示另一个棋子。EMPTY 也是字符，表示棋盘上的空方格。它是一个空格字符，因为在显示的时候看起来像是空方格。TIE 是表示和棋的字符。NO_ONE 是用于表示还没有任何一方胜出的字符。

6.6.3 main()函数

如您所见，main()函数几乎和之前创建的伪代码一模一样。

```
// main function
int main()
{
    int move;
    const int NUM_SQUARES = 9;
    vector<char> board(NUM_SQUARES, EMPTY);
    instructions();
    char human = humanPiece();
    char computer = opponent(human);
    char turn = X;
    displayBoard(board);
    while (winner(board) == NO_ONE)
    {
        if (turn == human)
        {
            move = humanMove(board, human);
            board[move] = human;
        }
        else
        {
            move = computerMove(board, computer);
            board[move] = computer;
        }
        displayBoard(board);
        turn = opponent(turn);
    }
    announceWinner(winner(board), computer, human);
    return 0;
}
```

6.6.4　instructions( )函数

该函数显示游戏操作指南，并让计算机对手表明其态度。

```
void instructions()
{
    cout << "Welcome to the ultimate man-machine showdown: Tic-Tac-Toe.\n";
    cout << "--where human brain is pit against silicon processor\n\n";
    cout << "Make your move known by entering a number, 0 - 8. The number\n";
    cout << "corresponds to the desired board position, as illustrated:\n\n";
    cout << " 0 | 1 | 2\n";
    cout << " ---------\n";
    cout << " 3 | 4 | 5\n";
```

```
        cout << " ---------\n";
        cout << " 6 | 7 | 8\n\n";
        cout << "Prepare yourself, human. The battle is about to begin.\n\n";
}
```

6.6.5　askYesNo( )函数

该函数询问是或否的问题，而且一直询问，直到玩家输入 y 或 n。它接受一个问题作为参数，并且返回一个 y 或 n。

```
char askYesNo(string question)
{
    char response;
    do
    {
        cout << question << " (y/n): ";
        cin >> response;
    } while (response != 'y' && response != 'n');
    return response;
}
```

6.6.6　askNumber( )函数

该函数询问某个范围内的数，而且一直询问，直到玩家输入合法的数字。它接受一个问题、一个范围上限和一个范围下限作为参数，返回指定范围内的一个数。

```
int askNumber(string question, int high, int low)
{
    int number;
    do
    {
        cout << question << " (" << low << " - " << high << "): ";
        cin >> number;
    } while (number > high || number < low);
    return number;
}
```

如果观察一下该函数的函数原型，能发现范围下限的默认值为 0。程序在后来调用这个函数时利用了这一点。

6.6.7　humanPiece( )函数

该函数询问玩家是否希望第一个走棋，然后在玩家选择的基础上返回玩家的棋子。按照井字棋游戏的传统，X 第一个走棋。

```
char humanPiece()
{
    char go_first = askYesNo("Do you require the first move?");
    if (go_first == 'y')
    {
        cout << "\nThen take the first move. You will need it.\n";
        return X;
    }
    else
    {
        cout << "\nYour bravery will be your undoing...I will go first.\n";
        return O;
    }
}
```

6.6.8　opponent( )函数

该函数接受一个棋子（'X'或'O'）作为参数，并返回对手的棋子（'X'或'O'）。

```
char opponent(char piece)
{
    if (piece == X)
    {
        return O;
    }
    else
    {
        return X;
    }
}
```

6.6.9　displayBoard( )函数

该函数显示传递给它的棋盘。因为棋盘的元素都是空格、'X'或'O'，所以函数能显示每个元素。程序使用了键盘上的其他一些字符，这样绘制出来的棋盘更美观。

```cpp
void displayBoard(const vector<char>& board)
{
    cout << "\n\t" << board[0] << " | " << board[1] << " | " << board[2];
    cout << "\n\t" << "---------";
    cout << "\n\t" << board[3] << " | " << board[4] << " | " << board[5];
    cout << "\n\t" << "---------";
    cout << "\n\t" << board[6] << " | " << board[7] << " | " << board[8];
    cout << "\n\n";
}
```

注意，表示棋盘的向量是通过常量引用传递的。也就是说，该向量的传递是高效的，它没有经过复制操作。同样，该向量被保护起来，防止任何修改。因为该函数只要显示棋盘，而不需对其进行修改，这样做非常合适。

6.6.10　winner( )函数

该函数接受一个棋盘作为参数，并返回胜者。胜者有 4 种可能值。如果某个玩家获胜，函数返回 X 或 O；如果所有方格已填满且无人获胜，则返回 TIE；最后，如果无人获胜且还有空余的方格，则返回 NO_ONE。

```cpp
char winner(const vector<char>& board)
{
    // all possible winning rows
    const int WINNING_ROWS[8][3] = { {0, 1, 2},
                                     {3, 4, 5},
                                     {6, 7, 8},
                                     {0, 3, 6},
                                     {1, 4, 7},
                                     {2, 5, 8},
                                     {0, 4, 8},
                                     {2, 4, 6} };
```

首先要注意的是，表示棋盘的向量是通过常量引用传递的。也就是说，该向量的传递是高效的，没有经过复制操作。同样，该向量被保护起来，防止任何修改。

该函数的初始化部分定义了一个常量，是一个 int 型二维数组 WINNING_ROWS（表示三点连线获得胜利的 8 种方式）。每种胜利方式都用一组 3 个元素（获胜的 3 个棋盘位置）来表示。例如，{0,1,2}表示用顶行获胜，即棋盘的位置 0、1 和 2。接下来的{3,4,5}表示用中间一行获胜，即棋盘位置 3、4 和 5。以此类推。

接下来，程序检查是否有玩家获胜。

```
const int TOTAL_ROWS = 8;
// if any winning row has three values that are the same (and not EMPTY),
// then we have a winner
for(int row = 0; row < TOTAL_ROWS; ++row)
{
    if ( (board[WINNING_ROWS[row][0]] != EMPTY) &&
         (board[WINNING_ROWS[row][0]] == board[WINNING_ROWS[row][1]]) &&
         (board[WINNING_ROWS[row][1]] == board[WINNING_ROWS[row][2]]) )
    {
        return board[WINNING_ROWS[row][0]];
    }
}
```

通过循环查看每种可能获胜的方式，程序检查是否有玩家的棋子连成一线。if 语句检查 3 个目标方格是否包含同样的值且不是 EMPTY。如果检查通过，则表示这一行有 3 个 X 或 O，并有一方胜出。函数随后返回获胜行第一个位置的棋子。

如果没有玩家获胜，则检查是否和棋。

```
// since nobody has won, check for a tie (no empty squares left)
if (count(board.begin(), board.end(), EMPTY) == 0)
    return TIE;
```

如果棋盘上没有空余方格，则和棋。程序使用 STL 中的 count() 算法（它计算一组容器元素中某个给定值出现的次数）来计数棋盘中 EMPTY 元素的数目。如果数目为 0，则该函数返回 TIE。

最后，如果没有玩家胜出，且没有和棋，则游戏暂时没有胜者。所以，函数返回 NO_ONE。

```
// since nobody has won and it isn't a tie, the game ain't over
return NO_ONE;
}
```

6.6.11　isLegal() 函数

该函数接受一个棋盘与一招棋作为参数。如果这招棋在棋盘上是合法的，则返回 true，否则返回 false。某个空余方格的位置表示了合法的一招棋。

```
inline bool isLegal(int move, const vector<char>& board)
{
    return (board[move] == EMPTY);
}
```

同样要注意的是，表示棋盘的向量是通过常量引用传递的。也就是说，该向量的传递是高效的，没有经过复制操作。同样，该向量被保护起来，防止任何修改。

可以看到 isLegal() 经过了内联。现代编译器非常擅长于自行优化；然而，因为该函数只有一行代码，所以很适合作为内联函数。

6.6.12 humanMove( )函数

接下来的这个函数接受一个棋盘与人类玩家的棋子，返回玩家希望下棋的方格号码。该函数向玩家询问方格号码，直到其输入合法的一招棋。随后，函数返回这一招棋。

```
int humanMove(const vector<char>& board, char human)
{
    int move = askNumber("Where will you move?", (board.size() - 1));
    while (!isLegal(move, board))
    {
        cout << "\nThat square is already occupied, foolish human.\n";
        move = askNumber("Where will you move?", (board.size() - 1));
    }
    cout << "Fine...\n";
    return move;
}
```

同样要注意的是，表示棋盘的向量是通过常量引用传递的。也就是说，该向量的传递是高效的，没有经过复制操作。同样的，该向量被保护起来，防止任何修改。

6.6.13 computerMove( )函数

该函数接受一个棋盘与计算机的棋子作为参数，返回计算机给出的一招棋。首先要注意的是，程序没有通过引用传递棋盘。

```
int computerMove(vector<char> board, char computer)
```

而是选择了值传递方式，尽管这不如引用传递效率高。之所以采用值传递，是因为在通过在空方格中放置棋子来确定计算机最好的一招棋时，需要对棋盘的副本进行修改。通过使用副本，程序保证了棋盘原始向量的安全。

再来看看该函数的核心部分。程序如何实现 AI 来让计算机能很好地与人类玩家对抗？这里提出选择一招棋的 3 步基本策略。

（1）如果计算机采用某一招棋能获胜，则选择这一招棋。

（2）否则，如果人类玩家能用其下一招棋获胜，则出棋阻止他。

（3）否则，在剩下的空方格中选择最优的一个方格。最优的方格在中心，次优的是四个角落，最次则是剩下的方格。

接下来，函数实现了步骤（1）。

```
{
    unsigned int move = 0;
    bool found = false;
    //if computer can win on next move, that's the move to make
    while (!found && move < board.size())
    {
        if (isLegal(move, board))
        {
            board[move] = computer;
            found = winner(board) == computer;
            board[move] = EMPTY;
        }
        if (!found)
        {
            ++move;
        }
    }
```

程序开始循环访问所有可能的棋招 0～8。对于每一招棋，程序检查其是否合法。如果合法，则将计算机的棋子置于相应的方格中，并检查这招棋能否让计算机获胜。随后，程序再通过将方格置为空格来取消棋招。如果计算机无法用这一招棋获胜，则继续检查下一个空方格。然而，如果这着棋能让计算机获胜，则循环终止，程序已经找到（found 为 true）让计算机获胜的棋招（方格号码 move）。

接下来，程序检查是否需要进入 AI 策略的步骤（2）。如果还没有找出棋招（found 为 false），则程序检查人类玩家是否能在其下一招棋获胜。

```
    //otherwise, if human can win on next move, that's the move to make
    if (!found)
    {
        move = 0;
        char human = opponent(computer);
        while (!found && move < board.size())
        {
            if (isLegal(move, board))
            {
                board[move] = human;
```

```
                found = winner(board) == human;
                board[move] = EMPTY;
            }
            if (!found)
            {
                ++move;
            }
        }
    }
```

程序开始循环检查所有可能的棋招 0 ~ 8。对于每一招棋，程序测试其是否合法。如果合法，则将人类玩家的棋子置于相应的方格中，并检查这一招棋是否能让人类玩家获胜。随后，程序再通过将方格置为空格来取消棋招。如果这着棋无法使人类获胜，则继续下一个空方格。然而，如果某一招棋能让人类玩家获胜，则循环终止，程序已找出（found 为 true）让计算机阻止人类玩家在下一招棋（方格号码 move）获胜的棋招。

接下来，程序检查是否需要进入 AI 策略的步骤（3）。如果还没有找出棋招（found 为 false），则程序按照有利程度的顺序循环访问最优棋招的列表，选择第一个合法棋招。

```
//otherwise, moving to the best open square is the move to make
if (!found)
{
    move = 0;
    unsigned int i = 0;
    const int BEST_MOVES[] = {4, 0, 2, 6, 8, 1, 3, 5, 7};
    //pick best open square
    while (!found && i < board.size())
    {
        move = BEST_MOVES[i];
        if (isLegal(move, board))
        {
            found = true;
        }
        ++i;
    }
}
```

到此为止，函数已经找出计算机要出的棋招——这招棋可能让计算机获胜，可能阻止人类获胜，或者只是空方格中最好的一个。所以程序让计算机宣布这一招棋，并返回相应的方格号码。

```
cout << "I shall take square number " << move << endl;
return move;
}
```

现实世界

井字棋游戏只是分析下一步可能的棋招。真正的策略游戏程序，如象棋，则深入到每一招棋的结果，并分析许多层的棋招与对手棋招。实际上，好的计算机象棋程序在下棋之前，能分析数以百万计的棋盘位置。

6.6.14　announceWinner( )函数

该函数接受游戏的胜者、计算机的棋子和人类的棋子作为参数。它宣布获胜者或者宣布和棋。

```cpp
void announceWinner(char winner, char computer, char human)
{
    if (winner == computer)
    {
        cout << winner << "'s won!\n";
        cout << "As I predicted, human, I am triumphant once more -- proof\n";
        cout << "that computers are superior to humans in all regards.\n";
    }
    else if (winner == human)
    {
        cout << winner << "'s won!\n";
        cout << "No, no! It cannot be! Somehow you tricked me, human.\n";
        cout << "But never again! I, the computer, so swear it!\n";
    }
    else
    {
        cout << "It's a tie.\n";
        cout << "You were most lucky, human, and somehow managed to tie me.\n";
        cout << "Celebrate...for this is the best you will ever achieve.\n";
    }
}
```

6.7　本章小结

本章介绍了以下概念：

- 引用是别名，它是变量的另一个名称。
- 使用&（引用运算符）创建引用。
- 引用在定义时必须初始化。
- 无法修改引用使其指向不同的变量。
- 对引用所做的任何操作都发生在引用指向的变量上。
- 当将引用赋值给一个变量时，创建的是被引用值的一个新的副本。
- 在将变量通过值传递给函数时，传递给函数的是该变量的一个副本。
- 在将变量通过引用传递给函数时，传递的是该变量的访问权。
- 引用传递可能比值传递效率更高，尤其是在传递较大对象时。
- 引用传递为函数提供了实参的直接访问权，使得函数可以修改实参。
- 常量引用无法用于修改它引用的值。使用关键字 const 来声明常量引用。
- 无法将常量引用或常量值赋值给一个非常量引用。
- 将常量引用传递给函数可以防止实参被函数修改。
- 修改传递给函数的实参的值可能导致混淆，因此游戏程序员在传递非常量引用之前先考虑传递常量引用。
- 返回引用可能比返回值的副本效率更高，尤其是在返回较大对象时。
- 可以返回一个对象的常量引用，这样无法通过返回的引用修改该对象。
- 游戏 AI 的一项基本技术是在决定下一步采取什么行动之前，让计算机考虑其所有合法行动以及对手的所有合法对策。

6.8 问与答

问：在声明引用时，不同的程序员将引用运算符（&）放置在不同位置。那么到底应当将其放置在何处？

答：有 3 种与使用引用运算符有关的基本风格。有些程序员倾向于 int& ref=Var;，有些程序员倾向于 int&ref = var;，还有一些程序员倾向于 int &ref = var;。计算机认可这 3 种风格。使用任意一种风格都有合适的理由。然而，最重要的是要保持一致。

问：为什么不能使用常量值初始化非常量引用？

答：因为非常量引用允许修改它指向的值。

问：如果使用非常量变量初始化一个常量引用，能否修改该变量的值？

答：无法通过常量引用修改，因为在声明常量引用时，即在表明该引用无法用于修改其所指向的值（即使可以通过其他方式修改该变量）。

问：传递常量引用如何节省开销？

答：在通过值传递给函数传递较大对象时，程序对传递的对象进行复制。视对象的大小而定，复制操作的开销可能很大。传递引用好比只传递较大对象的访问权，这样的操作开销不大。

问：可以创建指向引用的引用吗？

答：其实不可以。可以将引用赋值给另一个引用，但是新的引用只会指向原引用所指向的值。

问：如果不初始化就声明一个引用会如何？

答：编译器将报错，因为这是非法的。

问：为什么应该避免修改通过引用传递的变量的值？

答：因为这将导致混淆。仅从函数调用无法判断出是否要对传递的变量进行修改。

问：这意味着总是应当传递常量引用吗？

答：不是。可以给函数传递非常量引用，但是对于大多数游戏程序员而言，这表示需要修改实参的值。

问：如果不修改传递给函数的实参，应当如何向调用代码返回新的信息？

答：使用返回值。

问：可以通过非常量引用传递字面值吗？

答：不可以。如果试图将字面值作为非常量引用进行传递，将导致编译错误。

问：给接受引用的参数传递字面值是不可能的吗？

答：是可能的。可以将字面值作为常量引用进行传递。

问：在从函数返回对象时，程序执行了什么操作？

答：通常而言，程序对该变量进行复制，然后将副本返回。视该对象的大小而定，这可能是个开销较大的操作。

问：为什么要返回引用？

答：这样可能效率更高，因为返回引用不涉及对象的复制。

问：如何会丢失返回引用的高效性？

答：通过将返回的引用赋值给一个变量。在将引用赋值给一个变量时，计算机必须对该引用指向的对象进行复制。

问：返回指向局部变量的引用有什么问题？

答：一旦函数结束，局部变量将不复存在。这意味着返回的是一个指向不存在对象的引用，这是非法的。

6.9 问题讨论

1. 通过值传递参数有何优缺点?
2. 传递引用有何优缺点?
3. 传递常量引用有何优缺点?
4. 返回引用有何优缺点?
5. 游戏 AI 是否应当通过作弊来成为更有价值的对手?

6.10 习题

1. 通过使用引用改进第 5 章的 Mad Lib 游戏，让游戏效率更高。
2. 下面的程序有什么问题?

```cpp
int main()
{
    int score;
    score = 1000;
    float& rScore = score;
    return 0;
}
```

3. 下面的函数有什么问题?

```cpp
int& plusThree(int number)
{
    int threeMore = number + 3;
    return threeMore;
}
```

第**7**章
指针：Tic-Tac-Toe 2.0

指针是 C++ 强大的组成部分。在某些方面，它们与 STL 中的迭代器类似，而且经常用来代替引用。但是指针提供了 C++ 语言中其他部分无可替代的功能。本章将介绍指针的基本机制及其适用之处。具体而言，本章内容如下：

- 声明与初始化指针；
- 指针的解引用；
- 使用常量与指针；
- 传递与返回指针；
- 使用指针与数组。

7.1 指针基础

指针因为难以理解而出名。实际上，指针的本质相当简单：它是一个包含内存地址的变量。指针能让程序员直接高效地使用计算机内存。与 STL 中的迭代器一样，指针经常用于访问其他变量的内容。但在能对指针善加利用之前，必须理解它们的工作原理。

提示

> 计算机内存不像是人们用于存储物品的房屋，而更像是一片街区，在这片街区中有可以存储数据的内存地点。正如在房屋并排坐落的街区中房屋都标记了地址一样，计算机内存中的内存块也是并排排列，并标记了地址。在街区中，可以用写有街道地址的小纸条找到某个特定房子（并且能得到存储其中的物品）。在计算机中，可以使用带有内存地址的指针来访问某个特定内存位置（并且能获取存储其中的数据）。

7.1.1 Pointing 程序简介

Pointing 程序演示了指针的原理。该程序创建了一个表示分数的变量，并创建了一个存储其地址的指针。该程序表明，可以直接修改变量的值，并且指针会反映出这种变化，或者也可以通过指针修改变量的值。程序随后演示可以修改指针使其完全指向另一个变量，并且在最后展示了指针可以很容易地用于对象。程序运行结果如图 7.1 所示。

图 7.1　指针 pScore 首先指向变量 score，随后指向变量 newScore，而指针 pStr 指向变量 str

从异步社区网站上可以下载到该程序的代码。程序位于 Chapter 7 文件夹中，文件名为 pointing.cpp。

```cpp
// Pointing
// Demonstrates using pointers
#include <iostream>
#include <string>
using namespace std;
int main()
{
    int* pAPointer;    //declare a pointer
    int* pScore = 0;   //declare and initialize a pointer
    int score = 1000;
    pScore = &score;   //assign pointer pScore address of variable score
```

```
cout << "Assigning &score to pScore\n";
cout << "&score is: " << &score << "\n";      //address of score variable
cout << "pScore is: " << pScore << "\n";       //address stored in pointer
cout << "score is: " << score << "\n";
cout << "*pScore is: " << *pScore << "\n\n"; //value pointed to by pointer
cout << "Adding 500 to score\n";
score += 500;
cout << "score is: " << score << "\n";
cout << "*pScore is: " << *pScore << "\n\n";
cout << "Adding 500 to *pScore\n";
*pScore += 500;
cout << "score is: " << score << "\n";
cout << "*pScore is: " << *pScore << "\n\n";
cout << "Assigning &newScore to pScore\n";
int newScore = 5000;
pScore = &newScore;
cout << "&newScore is: " << &newScore << "\n";
cout << "pScore is: " << pScore << "\n";
cout << "newScore is: " << newScore << "\n";
cout << "*pScore is: " << *pScore << "\n\n";
cout << "Assigning &str to pStr\n";
string str = "score";
string* pStr = &str;   //pointer to string object
cout << "str is: " << str << "\n";
cout << "*pStr is: " << *pStr << "\n";
cout << "(*pStr).size() is: " << (*pStr).size() << "\n";
cout << "pStr->size() is: " << pStr->size() << "\n";
return 0;
}
```

7.1.2 指针的声明

main()的第一条语句声明了一个名为 pAPointer 的指针。

```
int* pAPointer;   //declare a pointer
```

因为指针的工作方式很独特，所以程序员经常在指针变量名之前使用字母前缀"p"
来提醒自己该变量其实是一个指针。

正如迭代器一样，声明的指针要指向某种特定类型的值。pAPointer 是指向 int 的指针，
即它只能指向 int 型值，而无法指向 float 型或 char 型变量。换言之，pAPointer 只能存储
int 型变量的地址。

声明一个指针的方法是，以指针指向对象的类型开头，加上一个星号，最后是指针的名称。在声明时，可以在星号两侧插入空白字符。因此，int* pAPointer;、int *pAPointer;和 int * pAPointer;都声明一个名为 pAPointer 的指针。

陷阱

在声明指针时，星号只作用于与其最近的那个变量名。

因此，下面的语句将 pScore 声明为指向 int 型变量的指针，将 score 声明为 int 型：

```
int* pScore, score;
```

score 不是指针，而是 int 型变量！让代码更清晰的方法是利用空格字符重写上面的语句：

```
int *pScore, score;
```

然而，最明了的方式是使用独立的语句来声明指针，如下面两行代码所示：

```
int* pScore;
int score;
```

7.1.3 指针的初始化

正如其他变量一样，可以在声明语句中对指针进行初始化。下面代码便是如此，它将 0 赋值给 pScore。

```
int* pScore = 0;   //declare and initialize a pointer
```

将 0 赋值给指针有特殊的含义，通俗而言是指"不指向任何内存"。程序员称值为 0 的指针为空指针。声明指针时总应当对其初始化，即使这个初始值为 0。

提示

很多程序员在创建空指针时将 NULL 而不是 0 赋值给指针。NULL 是定义在 iostream 等多个库文件中的常量。

7.1.4 将地址赋值给指针

因为指针存储对象的地址，所以需要有为指针赋予地址的方法。一种方法是获取已有变量的内存地址，并将其赋值给指针。如下面一行代码所示，它获取变量 score 的地址，然后赋值给 pScore。

```
pScore = &score;    //assign pointer address of variable score
```

程序通过变量名之前的取址运算符（&）获取变量 score 的地址（没错，之前介绍过&符号，当时它被用作引用运算符。然而，在这个环境下，&符号获取对象的地址）。

上面一行代码的结果是 pScore 包含了 score 的地址，如同 pScore 明确地知道 score 在计算机内存中的位置。这意味着可以使用 pScore 来访问 score，并对存储在 score 中的值进行操作。pScore 与 score 之间的关系如图 7.2 所示。

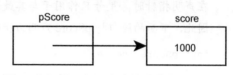

图 7.2 指针 pScore 指向存储值 1000 的 score

为了证明 pScore 包含了 score 的地址，程序用下面两行代码显示了 score 的地址和指针的值。

```
cout << "&score is: " << &score << "\n";    //address of score variable
cout << "pScore is: " << pScore << "\n";    //address stored in pointer
```

从图 7.1 可以看出，pScore 包含了 score 的地址 003EF8B0（Pointing 程序显示的具体地址在不同系统上可能不同。关键之处是 pScore 的值和&score 相同）。

7.1.5 指针的解引用

正如通过迭代器的解引用来访问其引用的对象一样，指针也是通过解引用来访问其指向的对象。解引用的方法也是一样的：使用解引用运算符*。下面一行代码使用解引用运算符。因为*pScore 访问存储在 score 中的值，所以显示结果为 1000。

```
cout << "*pScore is: " << *pScore << "\n\n"; //value pointed to by pointer
```

记住，*pScore 的含义是"pScore 指向的那个对象"。

陷阱

不要对空指针做解引用操作，这会导致灾难性后果。

接下来，下面的代码将 score 增加 500。

```
score += 500;
```

将 score 发送给 cout 后，程序如预期的一样显示 1500。将*pScore 发送给 cout 后，score 的内容再次发送给 cout，并且再一次显示 1500。

接下来，下面的代码将 pScore 指向的值增加 500。

```
*pScore += 500;
```

因为 pScore 指向 score，代码将 score 值增加 500。因此，将 score 发送给 cout 后，显示结果为 2000。随后又将*pScore 发送给 cout，结果再次显示 2000。

陷阱

在修改指针指向的对象的值时，不要修改指针的值。例如，如果需要将 pScore 指向的 int 型值增加 500，那么下面一行代码就大错特错了。

```
pScore += 500;
```

上面的代码将存储在 pScore 中的地址增加 500，却没有增加其原本指向的值。因此，pScore 现在指向某个可能包含任何数据的地址。对这样的指针进行解引用可能导致灾难性后果。

7.1.6 指针的重新赋值

与引用不同，指针可以在程序运行期间的不同时刻指向不同的对象。对指针重新赋值与变量的重新赋值一样。下面一行代码对 pScore 进行了重新赋值。

```
pScore = &newScore;
```

于是，pScore 现在指向了 newScore。为了证明这一点，将 newScore 的地址&newScore 以及 pScore 中存储的地址发送给 cout。两条语句显示相同的地址。随后程序将 newScore 和*pScore 发送给 cout，都显示 5000，因为它们都访问存储这个值的同一块内存。

陷阱

在修改指针自身时，不要修改指针所指向的值。例如，如果希望修改 pScore，使其指向 newScore，那么下面一行代码就大错特错了。

```
*pScore = newScore;
```

这行代码只是修改 pScore 当前指向的值，却没有修改 pScore 自身。如果 newScore 等于 5000，那么上面代码等于*pScore = 5000;，并且 pScore 仍然指向赋值之前指向的同一个变量。

7.1.7 使用对象的指针

到目前为止，Pointing 程序只是使用内置类型 int 型的值，但我们可以很容易地将指针应用于对象。下面两行代码对此进行了演示，创建了一个等于"score"的 string 对象 str 和一个指向该对象的指针 pStr。

```
string str = "score";
string* pStr = &str;   //pointer to string object
```

pStr 是指向 string 的指针，即它可以指向任何 string 对象。换而言之，pStr 可以存储任何 string 对象的地址。

通过指针的解引用可以访问其指向的对象，如下面一行代码所示：

```
cout << "*pStr is: " << *pStr << "\n";
```

通过*pStr 中的解引用运算符，程序将 pStr 指向的对象（str）发送给 cout，最后显示文本 score。

正如可以通过迭代器调用对象的成员函数，也可以通过指针调用其成员函数。一种方法是使用解引用运算符与成员访问运算符，如下面一行代码所示：

```
cout << "(*pStr).size() is: " << (*pStr).size() << "\n";
```

代码(*pStr).size()的含义是："对 pStr 解引用得到其指向的对象，然后调用对象的 size() 成员函数。"因为 pStr 指向的 string 对象等于"score"，所以代码返回 5。

提示

> 无论何时要对指针进行解引用来访问数据成员或成员函数，都要用一对括号将被解引用的指针括起来，这样能确保点运算符作用于指针指向的对象。

正如迭代器一样，可以对指针使用 −>运算符以一种更具可读性的方式来访问对象成员。下面的代码演示了这一方法。

```
cout << "pStr->size() is: " << pStr->size() << "\n";
```

上面的语句再次显示了等于"score"的 string 对象中字符的数目，然而这一次可以用 pStr->size()代替(*pStr).size()，使代码更具可读性。

7.2 指针和常量

能够在游戏程序中高效地使用指针之前，依然有一些指针机制需要理解。我们可以使用关键字 const 来限制指针的行为。这些限制如同保护措施，并且让程序的意图更加明确，由于指针功能相当强大，限制指针的用法符合在编程中只利用所需功能的做法。

7.2.1 使用常量指针

我们已经介绍过，指针可以在程序中的不同时刻指向不同对象。然而，通过在声明和初始化指针时使用 const 关键字，可以限制指针，使其只能指向其初始化时指向的对象。这样的指针称为常量指针。换而言之，无法修改存储在常量指针中的地址——它是常量。创建常量指针的方法如下：

```
int score = 100;
int* const pScore = &score;  //a constant pointer
```

上面的代码创建了一个指向 **score** 的常量指针 **pScore**。创建方法是在声明时将 const 置于指针名称之前。

如所有常量一样，第一次声明常量指针时必须对其进行初始化。下面一行代码是非法的，并且会产生冗长的编译错误。

```
int* const pScore; //illegal -- you must initialize a constant pointer
```

因为 **pScore** 是常量指针，因此它永远也无法指向其他任何内存地址。下面的代码同样是非法的。

```
pScore = &anotherScore;  //illegal -- pScore can't point to a different object
```

尽管无法修改 **pScore** 自身，但可以使用它来修改其指向的值。下面的代码则是完全合法的。

```
*pScore = 500;
```

不要被这行代码弄迷糊了。使用常量指针修改它所指向的值是完全合法的。记住，常量指针的限制在于指针的值（指针存储的地址）无法修改。

常量指针的原理应当让人回忆起某个概念——引用。如同引用一样，常量指针只能引用它初始化时指向的对象。

提示

尽管可以在程序中使用常量指针而不是引用，但还是应当尽可能地使用引用。引用在语法上比指针更简洁，并且让代码更易读懂。

7.2.2　使用指向常量的指针

我们已经介绍过，可以使用指针修改其指向的值。然而，通过在声明指针时使用 const 关键字，可以限制指针，使得无法用它来修改其指向的值。这样的指针称为**指向常量的指针**。声明指向常量的指针的方法如下：

```
const int* pNumber;  //a pointer to a constant
```

上面的代码声明了一个指向常量的指针 pNmnber。声明指向常量的指针的方法是将 const 关键字置于指针所指向值的类型之前。

将地址赋值给指向常量的指针的方法与之前介绍的一样：

```
int lives = 3;
pNumber = &lives;
```

然而，我们无法使用该指针来修改其指向的值。下面的代码是非法的：

```
*pNumber -= 1;  //illegal -- can't use pointer to a constant to change value
                //that pointer points to
```

尽管无法用指向常量的指针修改其指向的值，但可以修改指针自身。即指向常量的指针可以指向程序中的不同对象。下面的代码则是完全合法的：

```
const int MAX_LIVES = 5;
pNumber = &MAX_LIVES; //pointer itself can change
```

7.2.3　使用指向常量的常量指针

指向常量的常量指针结合了常量指针和指向常量的指针的限制，它只能指向其初始化时指向的对象，而且无法用来修改其指向的对象的值。声明与初始化这种指针的方法如下：

```
const int* const pBONUS = &BONUS; //a constant pointer to a constant
```

上面的代码创建了一个名为 pBONUS 的指向常量的常量指针，它指向常量 BONUS。

提示

> 如同指向常量的指针一样，指向常量的常量指针既可以指向非常量值，也可以指向常量值。

无法对指向常量的常量指针进行重新赋值。下面的代码是非法的：

```
pBONUS = &MAX_LIVES;  //illegal -- pBONUS can't point to another object
```

无法使用指向常量的常量指针修改它指向的值。下面一行代码是非法的：

```
*pBONUS = MAX_LIVES;  //illegal -- can't change value through pointer
```

指向常量的常量指针在很多方面都与常量引用类似，如常量引用只能引用其初始化时引用的值，并且无法用来修改引用的值。

提示

> 尽管在程序中可以使用指向常量的常量指针而不是常量引用，但应当尽可能使用后者。引用在语法上比指针更简洁，并且让代码更易读懂。

7.2.4 常量与指针小结

本书已经介绍了许多关于常量与指针的知识，这里总结并巩固一下这些新概念。在声明指针时有 3 种不同的方式使用关键字 const：

- `int* const p = &i;`
- `const int* p;`
- `const int* const p = &I;`

第 1 例声明并初始化了一个常量指针。常量指针只能指向其初始化时指向的对象。存储在指针自身之中的值（内存地址）是常量，无法修改。常量指针只能指向非常量值，而不能指向常量。

第 2 例声明了一个指向常量的指计。这种指针无法用来修改它所指向的值，但可以在程序运行期间指向不同的对象。指向常量的指针可以指向常量或非常量值。

第 3 例声明了一个指向常量的常量指针。这种指针只能指向其初始化时指向的值，而且也无法用来修改其指向的值。这种指针在初始化的时候可以指向常量或非常量值。

7.3 传递指针

尽管引用由于其清晰的语法而成为传递实参的首选方案，但还是可能需要通过指针来传递对象。例如，假设有某个图形引擎，它返回指向某个 3D 对象的指针。如果希望另一个函数也使用该对象，出于效率的考虑也许希望传递该对象的指针。因此，知道如何传递指针与传递引用同样重要。

7.3.1 Swap Pointer Version 程序简介

Swap Pointer Version 程序与第 6 章的 Swap 程序一样，只不过前者使用的是指针而不是引用。Swap Pointer Version 程序定义了两个变量：一个存储低分，另一个存储高分。显示这两个分数之后，程序调用交换两个分数的函数。因为传递给函数的只是分值的副本，所以原始的变量没有被修改。接下来，程序调用另一个交换函数。此次，通过使用常量指针，原始变量的值成功地进行了交换（给我高分，给您低分）。程序运行示例如图 7.3 所示。

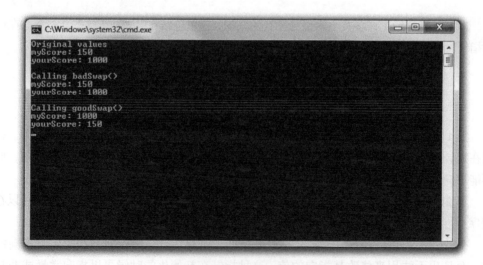

图 7.3　传递指针让函数可以修改函数作用域之外的变量

从异步社区网站上可以下载到该程序的代码。程序位于 **Chapter 7** 文件夹中，文件名为 swap_pointer_ver.cpp。

```cpp
// Swap Pointer
// Demonstrates passing constant pointers to alter argument variables
#include <iostream>
using namespace std;
void badSwap(int x, int y);
void goodSwap(int* const pX, int* const pY);
int main()
{
    int myScore = 150;
    int yourScore = 1000;
    cout << "Original values\n";
    cout << "myScore: " << myScore << "\n";
    cout << "yourScore: " << yourScore << "\n\n";
    cout << "Calling badSwap()\n";
    badSwap(myScore, yourScore);
    cout << "myScore: " << myScore << "\n";
    cout << "yourScore: " << yourScore << "\n\n";
    cout << "Calling goodSwap()\n";
    goodSwap(&myScore, &yourScore);
    cout << "myScore: " << myScore << "\n";
    cout << "yourScore: " << yourScore << "\n";
    return 0;
}
void badSwap(int x, int y)
{
    int temp = x;
    x = y;
    y = temp;
}
void goodSwap(int* const pX, int* const pY)
{
    //store value pointed to by pX in temp
    int temp = *pX;
    //store value pointed to by pY in address pointed to by pX
    *pX = *pY;
    //store value originally pointed to by pX in address pointed to by pY
    *pY = temp;
}
```

7.3.2　值传递

在声明与初始化 myScore 和 yourScore 之后，程序将它们发送给 cout。与预期的一样，显示的是 150 和 1000。接下来，程序调用 badSwap()，它通过值传递两个实参，即在用下面一行代码调用该函数时，发送给形参 x 和 y 的是 myScore 和 yourScore 的副本。

```
badSwap(myScore, yourScore);
```

具体而言，x 被赋值为 150，y 被赋值为 1000。因此，函数 badSwap()对 x 和 y 所做的任何操作都不会影响到 myScore 和 yourScore。

在 badSwap()函数执行时，x 和 y 确实交换了值，x 变为 1000，y 变为 150。然而，在函数终止后，x 和 y 都超出作用域。程序的控制权随后返回到 main()函数中，其中的 myScore 和 yourScore 没有改变。将它们发送给 cout，显示结果还是 150 和 1000。遗憾的是，我仍然是低分，您仍然是高分。

7.3.3　传递常量指针

我们已经介绍通过传递引用可以给予函数对变量的访问权。这同样可以通过指针来实现。在传递指针时，实际传递的只是对象的地址。这样效率相当高，尤其是在传递的对象占据较大内存块的时候。传递指针如同用电子邮件给好友发送某个网站的 URL，而不是试图将整个网站发送过去。

在向函数传递指针之前，需要将函数形参指定为指针，如 goodSwap()函数的头部所示：

```
void goodSwap(int* const pX, int* const pY)
```

这意味着 pX 和 pY 是常量指针，各自接受一个内存地址。将形参设置为常量指针是因为尽管要对它们指向的值进行修改，但不需要修改指针自身。记住，这正是引用的工作方式，即可以修改引用指向的值，但不能修改它们自身。

在调用 goodSwap()时，main()函数用下面一行代码传递 myScore 和 yourScore 的地址：

```
goodSwap(&myScore, &yourScore);
```

注意，程序使用取址运算符来向 goodSwap()传递变量的地址。在传递对象的指针时，需要传递的是对象的地址。

在 goodSwap()函数中，pX 存储的是 myScore 的地址，pY 存储的是 yourScore 的地址。所有对*pX 和*pY 的操作都分别作用于 my Score 和 yourScore。

goodSwap()的第一行代码将 pX 指向的值赋值给 temp。

```
int temp = *pX;
```

因为 pX 指向 myScore，所以 temp 变为 150。

下面一行代码将 pY 指向的值赋值给 pX 指向的对象。

```
*pX = *pY;
```

该语句复制 yourScore 中的值 1000，并赋值到 myScore 的内存位置。结果是 myScore 变为 1000。

函数的最后一条语句将 temp 的值 150 存储在 pY 指向的内存地址中。

```
*pY = temp;
```

因为 pY 指向 yourScore，所以 yourScore 变为 150。

函数终止后，程序控制权返回到 main()，myScore 和 yourScore 被发送给 cout。此次，显示的结果是 1000 和 150。变量最后成功地交换了值。

提示

传递给函数的同样可以是指向常量的常量指针。这与传递常量引用非常相似，都是为了高效地传递不需要修改的对象。第 6 章的 Inventory Displayer 程序演示了传递常量引用，它有一个传递指向常量的常量指针的版本。从异步社区网站上可以下载该程序的代码。程序位于 Chapter 7 文件夹中，文件名为 inventory_displayer_pointer_ver.cpp。

7.4 返回指针

在引入引用之前，游戏程序员要从函数中高效地返回对象的唯一选择就是使用指针。尽管引用在语法上比指针更简洁，但仍然可能需要通过指针返回对象。

7.4.1 Inventory Pointer 程序简介

Inventory Pointer 程序演示了指针的返回。通过返回的指针，程序显示甚至修改了存储主人公物品栏的向量的值。程序结果如图 7.4 所示。

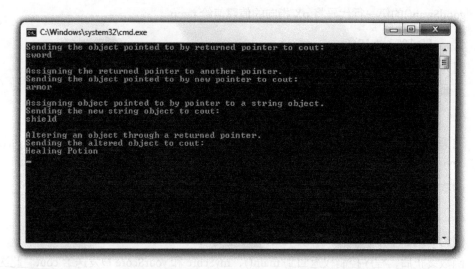

图 7.4　函数返回指向物品栏中的每个物品的指针（不是 string 对象）

从异步社区网站上可以下载到该程序的代码。程序位于 Chapter 7 文件夹中，文件名为 inventory_pointer.cpp。

```cpp
// Inventory Pointer
// Demonstrates returning a pointer
#include <iostream>
#include <string>
#include <vector>
Returning Pointers
using namespace std;
//returns a pointer to a string element
string* ptrToElement(vector<string>* const pVec, int i);
int main()
{
    vector<string> inventory;
    inventory.push_back("sword");
    inventory.push_back("armor");
    inventory.push_back("shield");
    //displays string object that the returned pointer points to
    cout << "Sending the object pointed to by returned pointer to cout:\n";
    cout << *(ptrToElement(&inventory, 0)) << "\n\n";
    //assigns one pointer to another -- inexpensive assignment
    cout << "Assigning the returned pointer to another pointer.\n";
```

```
    string* pStr = ptrToElement(&inventory, 1);
    cout << "Sending the object pointed to by new pointer to cout:\n";
    cout << *pStr << "\n\n";
    //copies a string object -- expensive assignment
    cout << "Assigning object pointed to by pointer to a string object.\n";
    string str = *(ptrToElement(&inventory, 2));
    cout << "Sending the new string object to cout:\n";
    cout << str << "\n\n";
    //altering the string object through a returned pointer
    cout << "Altering an object through a returned pointer.\n";
    *pStr = "Healing Potion";
    cout << "Sending the altered object to cout:\n";
    cout << inventory[1] << endl;
    return 0;
}
string* ptrToElement(vector<string>* const pVec, int i)
{
    //returns address of the string in position i of vector that pVec points to
    return &((*pVec)[i]);
}
```

7.4.2　返回指针

在从函数返回指针之前，必须指定要返回的是指针，如 **ptrToElement()** 函数的头部所示。

```
string* ptrToElement(vector<string>* const pVec, int i)
```

通过函数头部的 **string*** 表明函数返回一个指向 **string** 对象的指针（而不是 **string** 对象自身）。要将函数指定为返回某个特定类型对象的指针，需要将星号置于返回类型的类型名之后。**ptrToElement()** 的函数体只有一条语句，它返回 **pVec** 指向的向量中位置 i 处的元素的指针。

```
    return &((*pVec)[i]);
```

该 **return** 语句看起来有些晦涩难懂，让我们来一步步分解。当遇到复杂的表达式时，像计算机一样对它进行求值，首先从最内层开始，(***pVec**)[i] 的含义是 **pVec** 指向的向量中位置 i 处的元素。通过对该表达式应用取址运算符（**&**），表达式变成 **pVec** 指向的向量中位置 i 处的元素的地址。

陷阱

尽管返回指针是一种向调用函数返回信息的有效方式，但必须谨防返回指向超出作用域范围的对象的指针。例如，如果使用下面的函数返回的指针，则可能导致程序崩溃。

```
string* badPointer()
{
    string local = "This string will cease to exist once the function ends.";
    string* pLocal = &local;
    return pLocal;
}
```

这是因为 badPointer() 返回的指针所指向的字符串在函数结束后不复存在。指向不存在对象的指针称为野指针。对野指针的解引用可能导致灾难性后果。一种避免野指针的方法是不要返回指向局部变量的指针。

7.4.3 使用返回的指针显示值

创建表示物品的向量 inventory 后，程序用返回的指针显示了一个值。

```
cout << *(ptrToElement(&inventory, 0)) << "\n\n";
```

上面的代码调用了 ptrToElement()，它返回指向 inventory[0] 的指针（记住，ptrToElement() 返回的不是 inventory 中元素的副本，而是指向元素的指针）。代码随后将指针指向的 string 对象发送给 cout，因此显示 sword。

7.4.4 将返回的指针赋值给指针

接下来，程序用下面一行代码将返回的指针赋值给另一个指针。

```
string* pStr = ptrToElement(&inventory, 1);
```

对 prtToElement() 函数的调用返回指向 inventory[l] 的指针。该语句将指针赋值给 pStr。这是一条高效的赋值语句，因为指针到指针的赋值不涉及 string 对象的复制。

要理解这行代码的结果，请看图 7.5，图中展示了赋值后的 pStr（注意，图形是抽象形式的，因为向量 inventory 并没有包含字符串字面值"sword""armor"和"shield"，而是包含 string 对象）。

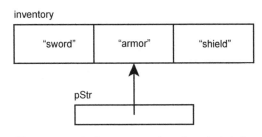

图 7.5　pStr 指向 inventory 中位置 1 处的元素

接下来，程序将*pStr 发送给 cout，显示出 armor。

7.4.5　将返回的指针指向的值赋值给变量

接下来，程序将返回的指针指向的值赋值给一个变量。

```
string str = *(ptrToElement(&inventory, 2));
```

对 ptrToElement()函数的调用返回指向 inventory[2]的指针。然而，上面的语句并没有将指针赋值给 str，也无法这样做，因为 str 是 string 对象。计算机对指针指向的 string 对象进行复制，然后将对象赋值给 str。要完全理解这一点，请看图 7.6，图中给出了赋值结果的抽象表现形式。

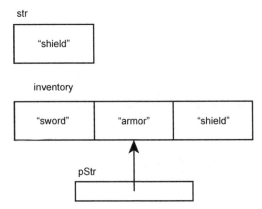

图 7.6　str 是新的 string 对象，与 inventory 完全独立

像这样有对象的复制操作的赋值语句与指针之间的赋值语句比起来开销要更大。有时对象的复制操作带来的性能损失是完全可接受的，但必须认识到与这种赋值相关的额外开

销，并在必要的时候加以避免。

7.4.6　通过返回的指针修改对象

我们可以修改返回的指针指向的对象，即可以通过 pStr 修改主人公的物品栏。

```
*pStr = "Healing Potion";
```

因为 pStr 指向 inventory 中位置 1 处的元素，所以这行代码修改了 inventory[l]，使其等于"Healing Potion"。为了证明这一点，下面一行代码显示了该元素，显示结果确实是 Healing Potion。

```
cout << inventory[1] << endl;
```

图 7.7 给出了一种抽象表现形式，它显示了赋值之后变量的状态。

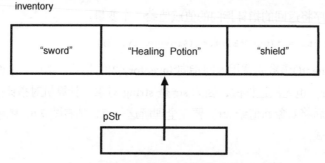

图 7.7　通过存储在 pStr 中的返回指针来修改 inventory[1]

提示

> 如果需要保护返回的指针指向的对象，请确保对指针做出了限制，如返回一个指向常量的指针或者指向常量的常量指针。

7.5　理解指针与数组的关系

指针与数组有着密切的关系。实际上，数组名是指向数组第一个元素的常量指针。因为数组元素存储在连续的内存块之中，所以可以把数组名当作指针使用来实现数组元素的随机访问。它们之间的关系对如何传递与返回数组也有很大的影响，下面进行介绍。

7.5.1 Array Passer 程序简介

Array Passer 程序创建了一个高分数组，随后将数组名用作常量指针来显示数组。接下来，程序将数组名作为常量指针传递给一个函数来增加数组中的分值。最后又将数组名作为指向常量的常量指针传递给一个函数来显示新的高分值。程序结果如图 7.8 所示。

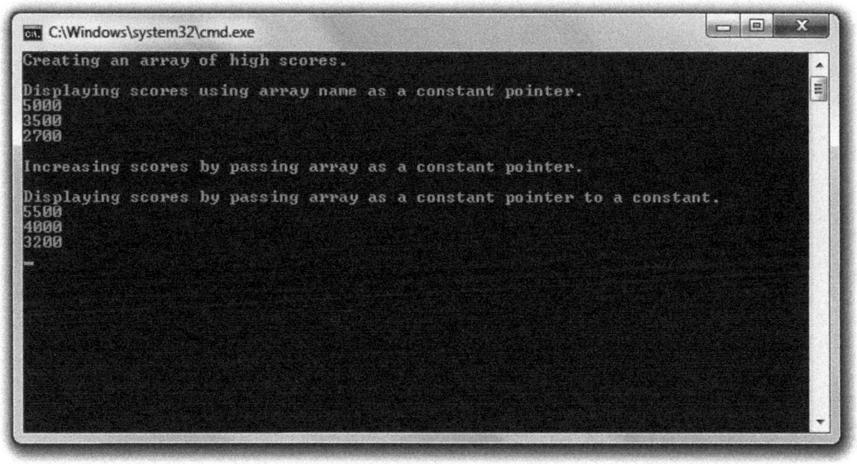

图 7.8 使用数组名作为指针来显示、修改和将高分传递给函数

从异步社区网站上可以下载到该程序的代码。程序位于 Chapter 7 文件夹中，文件名为 array_passer.cpp。

```cpp
//Array Passer
//Demonstrates relationship between pointers and arrays
#include <iostream>
using namespace std;
void increase(int* const array, const int NUM_ELEMENTS);
void display(const int* const array, const int NUM_ELEMENTS);
int main()
{
    cout << "Creating an array of high scores.\n\n";
    const int NUM_SCORES = 3;
    int highScores[NUM_SCORES] = {5000, 3500, 2700};
    cout << "Displaying scores using array name as a constant pointer.\n";
    cout << *highScores << endl;
    cout << *(highScores + 1) << endl;
```

```
        cout << *(highScores + 2) << "\n\n";
        cout << "Increasing scores by passing array as a constant pointer.\n\n";
        increase(highScores, NUM_SCORES);
        cout << "Displaying scores by passing array as a constant pointer to a constant.\n";
        display(highScores, NUM_SCORES);
        return 0;
    }
    void increase(int* const array, const int NUM_ELEMENTS)
    {
        for (int i = 0; i < NUM_ELEMENTS; ++i)
        {
            array[i] += 500;
        }
    }
    void display(const int* const array, const int NUM_ELEMENTS)
    {
        for (int i = 0; i < NUM_ELEMENTS; ++i)
        {
            cout << array[i] << endl;
        }
    }
```

7.5.2 将数组名用作常量指针

因为数组名是指向数组第一个元素的常量指针，所以可以对数组名解引用来获取数组的第一个元素，在创建了高分数组 highScores 后就执行了这种操作。

```
    cout << *highScores << endl;
```

程序对 highScores 解引用来访问数组的第一个元素，并将其发送给 cout，因此显示结果是 5000。

将数组名用作指针并通过简单的加法，可以实现数组元素的随机访问。所要做的只是在解引用之前，将需要访问元素的位置加到指针上。看上去有些复杂，其实很简单，如下面一行代码所示，它访问了 highScores 中位置 1 处的分数，显示 3500。

```
    cout << *(highScores + 1) << endl;
```

上面的代码中*(highScores + 1)等于 highScores[1]，它们都返回 highScores 中位置 1 处的元素。

接下来，下面一行代码访问 highScores 中位置 2 处的分数，显示 2700。

```
    cout << *(highScores + 2) << endl;
```

上面的代码中*(highScores + 2)等于 highScores[2]，它们都返回 highScores 中位置 2 处的元素。总而言之，可以将 arrayName[i]写成*(arrayName + i)，其中 arrayName 是数组名。

7.5.3 数组的传递与返回

因为数组名是常量指针，所以可以用来向函数高效地传递数组。如下面一行代码所示，它将指向数组第一个元素的常量指针和数组元素的个数传递给函数 increase()：

```
increase(highScores, NUM_SCORES);
```

提示

> 在向函数传递数组时，通常最好也将数组中元素的个数传递过去，这样可以避免函数访问不存在的元素。

如 increase()的函数头部所示，数组名作为常量指针传递给函数：

```
void increase(int* const array, const int NUM_ELEMENTS)
```

函数体将每个分数增加 500：

```
for (int i = 0; i < NUM_ELEMENTS; ++i)
{
    array[i] += 500;
}
```

程序像任何数组一样处理 array，并使用下标运算符来访问其中的每个元素。另外，还可以将 array 当作指计，并用*(array + i)+= 500 来代替表达式 array[i]+= 500，但这里使用了更具可读性的后者。

increase()函数结束后，程序控制权返回到 main()。为了证明 increase()确实增加了分值，程序调用函数显示这些分数。

```
display(highScores, NUM_SCORES);
```

函数 display()也是将 highScores 作为指针来接受。然而，如函数头部所示，highScores 是作为指向常量的常量指针传递的。

```
void display(const int* const array, const int NUM_ELEMENTS)
```

用这种方式传递数组可以防止数组被修改。因为只需要显示每个元素，所以传递指向常量的常量指针再好不过。

最后，运行 display() 的函数体，列出所有分数，每个分数都增加了 500。

> 可以像任何数组一样向函数传递 C 风格字符串，也可以传递指向常量的常量指针形式的字符串字面值。

因为数组名是指针，所以可以像返回指向对象的指针一样用数组名来返回数组。

7.6 Tic-Tac-Toe 2.0 程序简介

本章中的项目是第 6 章中的 Tic-Tac-Toe 游戏的修订版本。从玩家的角度而言，Tic-Tac-Toe 2.0 游戏与原始版本一模一样，因为修改只是发生在内部——所有的引用都替换成指针。这意味着像 Tic-Tac-Toe 棋盘这样的对象是作为常量指针而不是引用来传递的。另外还有其他方面的影响，如传递的必须是 Tic-Tac-Toe 棋盘的地址而不是棋盘自身。

从异步社区网站上可以下载到该新版程序的代码。程序位于 Chapter 7 文件夹中，文件名为 tic-tac-toe2.cpp。这里不详细介绍，因为大部分代码都没有变化。虽然修改之处不多，但还是比较明显。这是一个非常有助于学习的程序，因为尽管应当尽可能地使用引用，但还是应当熟悉指针。

7.7 本章小结

本章介绍了以下概念：

- 计算机内存以有序的方式组织，其中每一块内存都有其唯一的地址。
- 指针是包含内存地址的变量。
- 指针在很多方面都与 STL 中的迭代器相似。例如，可以像迭代器一样使用指针间接访问对象。
- 声明指针的方法是，列出类型、星号和指针名称。
- 程序员经常用字母“p”作为指针变量的前缀来提醒自己某个变量其实是指针。
- 正如迭代器一样，声明的指针引用特定类型的值。

- 声明指针时对其初始化是较好的编程习惯。
- 如果将 0 赋值给一个指针，则该指针称为空指针。
- 要获取变量的地址，需要将取址运算符（&）置于变量名之前。
- 当指针包含某个对象的地址时，我们称指针指向该变量。
- 与引用不同，可以对指针进行重新赋值，在程序运行期间的不同时刻，指针可以指向不同的对象。
- 正如迭代器一样，我们使用解引用运算符*对指针解引用来访问它指向的对象。
- 正如迭代器一样，我们可以对指针使用 –>运算符，从而以一种更具可读性的方式来访问对象的数据成员与成员函数。
- 常量指针只能指向其初始化时指向的对象。它的声明方法是将关键字 const 置于指针名之前，如 int* const p = &i;。
- 无法使用指向常量的指针修改其指向的值。它的声明方法是将关键字 const 置于类型名之前，如 const int* p;。
- 指向常量的常量指针只能指向其初始化时指向的值，并且无法用来修改其指向的值。它的声明方法是将关键字 const 置于类型名和指针名之前，如 const int* const p = &I;。
- 出于效率考虑，或为了提供对象的直接访问权，我们可以传递指针。
- 如果出于效率考虑需要传递指针，应当传递指向常量的指针或指向常量的常量指针，这样可以避免通过指针修改传递的对象。
- 野指针是指向非法内存地址的指针，它通常是由删除指针指向的对象造成的。对野指针的解引用可能导致灾难性后果。
- 可以从函数中返回指计，但要谨防返回野指针。

7.8　问与答

问：指针与其指向的变量有何区别？

答：指针存储的是内存地址。如果指针指向某个变量，则它存储该变量的地址。

问：存储已有变量的地址有何好处？

答：存储已有变量的地址的一大好处是可以高效地传递该变量的指针，而不是通过值传递变量。

问：指针必须总是指向存在的变量吗?

答：不是。需要的话，可以创建一个指针，让它指向计算机中未命名的内存块。第 9 章将介绍动态分配内存的知识。

问：为什么应当尽可能使用引用而不是指针来传递变量?

答：缘于引用提供的简洁方便的语法。传递引用或指针都是提供对象访问权的高效方法，但是指针需要使用额外的语法（如解引用运算符）来访问对象自身。

问：为什么声明指针时或之后应当尽快对其初始化?

答：因为解引用一个未初始化的指针可能导致灾难性后果，如程序崩溃。

问：什么是野指针?

答：野指针是指向非法内存位置的指针，所指位置可能存在任意数据。

问：为什么野指针如此危险?

答：与使用未初始化的指针一样，使用野指针可能导致灾难性后果，如程序崩溃。

问：为什么应当将指针初始化为 0?

答：通过初始化为 0 来创建空指针，空指针不指向任何对象。

问：那么解引用空指针就是安全的吗?

答：不是! 尽管将 0 赋值给不指向任何对象的指针是好的编程习惯，但解引用空指针与解引用野指针是同样危险的。

问：解引用空指针会如何?

答：正如解引用野指针或未初始化的指针一样，后果不可预测。最可能的是程序崩溃。

问：空指针有什么好处?

答：它们经常由函数返回来表示某种失败。例如，如果一个函数要返回表示图形屏幕的对象的指针，但函数没能初始化屏幕，则可能返回一个空指针。

问：声明指针时，使用关键字 const 对指针有何影响?

答：这取决于 const 的用法。一般而言，声明指针时使用 const 来限制指针的操作。

问：声明指针时使用 const 可以对指针加以何种限制?

答：可以使指针只能指向其初始化时指向的对象，或者使其无法修改其指向的对象，或者同时受到这两种限制。

问：为什么需要限制指针的操作?

答：为了安全起见。例如，可能需要使用某个对象，却不希望对其进行修改。

问：常量值可以用来赋值给什么类型的指针?

答：指向常量的指针或指向常量的常量指针。

问：如何安全地从函数返回指针?

答：一种方法是返回从调用函数接收到的对象的指针。通过这种方法，返回的指针指向的对象在调用代码中已经存在（第 9 章在介绍动态内存时将说明另一种重要的方法）。

7.9　问题讨论

1. 传递指针有何优缺点？
2. 什么情况下需要常量指针？
3. 什么情况下需要指向常量的指针？
4. 什么情况下需要指向常量的常量指针？
5. 什么情况下需要指向非常量对象的非常量指针？

7.10　习题

1. 使用指向 string 对象指针的指针编写一个程序。使用指向指针的指针调用 string 对象的 size() 成员函数。

2. 重写第 5 章的最后一个项目 MadLib 游戏，使得向讲述故事的函数传递的不是 string 对象，而是指向 string 对象的指针。

3. 下面的程序显示的 3 个内存地址全都一样吗？给出解释。

```
#include <iostream>
using namespace std;

int main()
{
    int a = 10;
    int& b = a;
    int* c = &b;

    cout << &a << endl;
    cout << &b << endl;
    cout << &(*c) << endl;

    return 0;
}
```

第**8**章
类：Critter Caretaker

面向对象编程（Object-Oriented Programming, OOP）是一种不同的编程思维方式。它是绝大多数游戏（也有商业软件）开发所用的方法。使用 OOP，我们定义相互联系的不同对象类型，并允许这些对象之间相互作用。前面已经使用过库中定义的对象类型，但是OOP 的一个关键特征是可以用自定义类型来创建对象。本章将介绍如何定义自定义类型以及如何用这些类型创建对象。具体而言，本章内容如下：

- 通过定义类来创建新的类型；
- 声明类的数据成员与成员函数；
- 用类实例化对象；
- 设置成员访问等级；
- 声明静态数据成员与成员函数。

8.1 定义新类型

无论是外星飞行器、毒箭或是愤怒的变种鸡，游戏中都充满了对象。幸运的是，C++可以用软件对象来表示游戏实体，并且在对象中包括成员函数和数据成员。这些对象与以前介绍过的 string 和 vector 对象的原理一样。但要使用新类型的对象（如一个愤怒的变种鸡的对象），则必须首先为对象定义一个类型。

8.1.1 Simple Critter 程序简介

为了创建虚拟的宠物对象，Simple Critter 程序定义了一个名为 Critter 的全新类型。程序使用新类型创建了两个 Critter 对象，随后给每个动物赋予一个饥饿程度。最后，每个动物向用户发出问候，并宣告其饥饿程度。程序结果如图 8.1 所示。

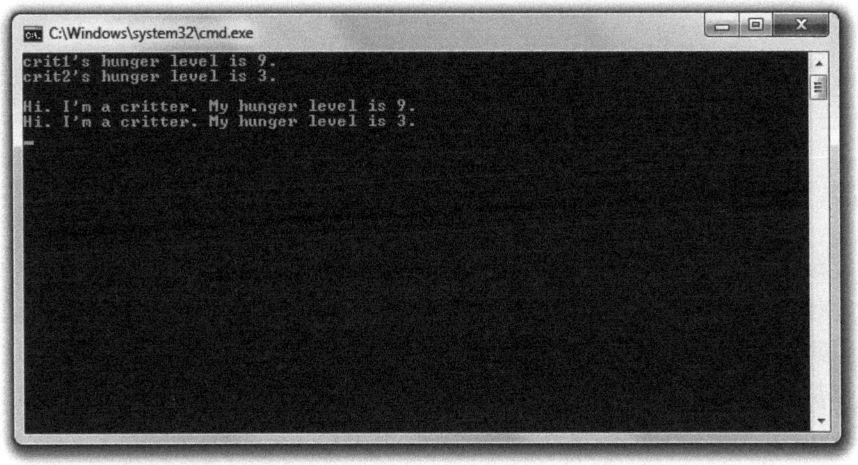

图 8.1 每个动物都向用户发出问候，并宣告其饥饿程度

从异步社区上可以下载到该程序的代码。程序位于 Chapter 8 文件夹中，文件名为 simple_critter.cpp。

```cpp
//Simple Critter
//Demonstrates creating a new type
#include <iostream>
using namespace std;
class Critter              // class definition -- defines a new type, Critter
{
public:
    int m_Hunger;          // data member
    void Greet();          // member function prototype
};
void Critter::Greet()      // member function definition
{
    cout << "Hi. I'm a critter. My hunger level is " << m_Hunger << ".\n";
}
int main()
{
    Critter crit1;
    Critter crit2;
    crit1.m_Hunger = 9;
    cout << "crit1's hunger level is " << crit1.m_Hunger << ".\n";
```

```
        crit2.m_Hunger = 3;
        cout << "crit2's hunger level is " << crit2.m_Hunger << ".\n\n";
        crit1.Greet();
        crit2.Greet();
        return 0;
    }
```

8.1.2 定义一个类

创建新类型的方法是定义一个类，即组合数据成员和成员函数的代码。通过类可以创建独立的对象，它们有其各自的数据成员的副本，并能访问所有成员函数。如同蓝图定义建筑物的结构一样，类定义对象的结构。也如同建筑工人可以根据蓝图修建多栋房子一样，游戏程序员可以通过同一个类创建许多对象。实实在在的代码有助于理解上面的理论。Simple Critter 程序就用下面这行代码定义了一个名为 Critter 的类：

```
class Critter        // class definition -- defines a new type, Critter
```

定义类的方法是，以关键字 class 开头，然后是类的名称。依照惯例，类名以大写字母开头。类主体用花括号括起来，并以一个分号结尾。

1. 声明数据成员

在定义类时，可以声明类的数据成员来表示对象的属性。程序只给动物赋予了一个饥饿属性，并将其当作能用整数表示的一定范围来处理，因此定义一个 int 型数据成员 m_Hunger。

```
        int m_Hunger;        // data member
```

也就是说，每个 Critter 对象都将拥有自己的饥饿程度，由其自身的数据成员 m_Hunger 表示。注意，数据成员名之前有前缀 m_。有些游戏程序员遵循这一命名规则，以便一眼便能认出那是数据成员。

2. 声明成员函数

在定义类时，同样可以声明成员函数来表示对象的功能。通过声明成员函数 Greet()，程序只给动物赋予了一个功能——向外界发出问候与宣布其饥饿程度的功能。

```
        void Greet();        // member function prototype
```

也就是说，每个 Critter 对象都将拥有通过成员函数 Greet() 来发出问候与宣布其饥饿程度的功能。按照惯例，成员函数名以大写字母开头。到目前为止，我们只是声明了成员函数 Greet()，但不用担心，还会在类的外部对其进行定义。

提示

也许您已经注意到类定义中的关键字 public，不过现在可以忽略它。本章 8.3.2 节将对其做出详细介绍。

8.1.3 成员函数的定义

可以在类定义的外部定义成员函数。在 Critter 类定义的外部，程序定义其成员函数 Greet()，用来发出问候以及显示动物的饥饿程度。

```
void Critter::Greet()    // member function definition
{
    cout << "Hi. I'm a critter. My hunger level is " << m_Hunger << ".\n";
}
```

除了在函数名之前使用前缀 Critter::外，该定义与前面介绍过的其他任何函数定义都很类似。在类的外部定义成员函数时，需要用类名与域解析运算符来对其进行限定，以便让编译器知道该定义属于哪个类。

该成员函数将 m_Hunger 发送给 cout，即 Greet()显示调用它的特定对象的 m_Hunger 值。简单而言就是，成员函数显示了动物的饥饿程度。在任何成员函数中，只需要使用成员的名称就能够访问对象的数据成员和成员函数。

8.1.4 对象的实例化

创建对象是指通过类来实例化对象。实际上，特定对象称为类的实例。main()实例化了两个 Critter 对象。

```
Critter crit1;
Critter crit2;
```

于是有了两个 Critter 对象：crit1 和 crit2。

8.1.5 数据成员的访问

下面对这些对象进行操作。给第一个动物赋予一个饥饿程度。

```
crit1.m_Hunger = 9;
```

上面的代码将 9 赋值给 crit1 的数据成员 m_Hunger。正如访问对象的可用成员函数一样，可以通过成员选择运算符来访问对象的可用数据成员。

为了证明赋值操作起了作用，下面显示动物的饥饿程度。

```
cout << "crit1's hunger level is " << crit1.m_Hunger << ".\n";
```

上面的代码显示了 **crit1** 的数据成员 **m_Hunger**，并且是正确地显示了 **9**。正如为可用数据成员赋值一样，可以通过成员选择运算符来获取其值。

接下来，程序对另一个 **Critter** 对象做出了相同的操作。

```
crit2.m_Hunger = 3;
cout << "crit2's hunger level is " << crit2.m_Hunger << ".\n\n";
```

此次，将 3 赋值给 crit2 的数据成员 crit2 并进行显示。

因此 crit1 和 crit2 都是 Critter 的实例，并且独立存在，有其各自的特性。同样的，它们各自都有包含各自值的 **m_Hunger** 数据成员。

8.1.6 成员函数的调用

接下来，程序再一次使用了动物的功能。首先让第一个动物向大家发出问候：

```
crit1.Greet();
```

上面的代码调用了 crit1 的 Greet()成员函数。函数访问了调用对象的 **m_Hunger** 数据成员，用来构成显示出来的问候语。因为 crit1 的 **m_Hunger** 数据成员的值为 9，所以函数显示文本 Hi. I'm a critter. My hunger level is 9。

最后，程序让第二个动物说话了：

```
crit2.Greet();
```

上面的代码调用了 crit2 的 Greet()成员函数。函数访问了调用对象的 **m_Hunger** 数据成员，用来构成显示出来的问候语。因为 crit2 的 **m_Hunger** 数据成员值为 3，所以函数显示文本 Hi. I'm a critter. My hunger level is 3.。

8.2 使用构造函数

在实例化对象时，经常需要做一些初始化工作，通常是给数据成员赋值。幸运的是，类有一个名为*构造函数*的成员函数，它在每次实例化新的对象时自动调用。这是极为便利的，因为可以使用构造函数来实现新对象的初始化。

8.2.1 Constructor Critter 程序简介

Constructor Critter 程序对构造函数进行了演示。程序实例化了一个新的 Critter 对象，自动调用其构造函数。首先，构造函数宣布有个新的动物诞生了。随后，它将传递给它的值赋给了该动物的饥饿程度。最后，程序调用动物的问候成员函数，用于显示其饥饿程度，以此来证明构造函数确实对动物进行了初始化。程序的结果如图 8.2 所示。

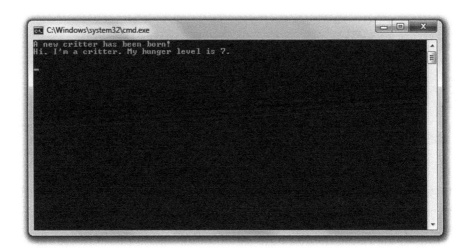

图 8.2　Critter 的构造函数自动初始化新对象的饥饿程度

从异步社区上可以下载到该程序的代码。程序位于 Chapter 8 文件夹中，文件名为 **constructor_critter.cpp**。

```
//Constructor Critter
//Demonstrates constructors
#include <iostream>
using namespace std;
class Critter
{
public:
    int m_Hunger;
    Critter(int hunger = 0);        // constructor prototype
    void Greet();
};
```

```
Critter::Critter(int hunger)        // constructor definition
{
    cout << "A new critter has been born!" << endl;
    m_Hunger = hunger;
}
void Critter::Greet()
{
    cout << "Hi. I'm a critter. My hunger level is " << m_Hunger << ".\n\n";
}
int main()
    {
    Critter crit(7);
    crit.Greet();
    return 0;
}
```

8.2.2 构造函数的声明与定义

下面的代码在 Critter 中声明了构造函数：

```
Critter(int hunger = 0);        // constructor prototype
```

如声明所示，构造函数没有返回类型。它也不能有返回类型，为构造函数指定返回类型是非法的操作。同样，构造函数的命名也没有灵活性可言，它的名称必须与类名一样。

提示

> 默认构造函数不需要实参。如果不定义默认构造函数，编译器则替程序员定义一个最小的构造函数，它调用类的所有数据成员的默认构造函数。如果程序员自己编写构造函数，那么编译器不提供默认构造函数。通常而言，编写默认构造函数是不错的主意，因此应当在必要的时候编写自己的默认构造函数。实现这点的一种方法是为构造函数定义中的参数提供默认参数。

下面的代码在类的外部定义构造函数：

```
Critter::Critter(int hunger)        // constructor definition
{
    cout << "A new critter has been born!" << endl;
    m_Hunger = hunger;
}
```

构造函数显示一条消息来表明有一个新的动物诞生，并且用传递给它的实参值初始化对象的 m_Hunger 数据成员。如果不传递值，则使用默认参数值 0。

8.2.3 构造函数的自动调用

构造函数不需要显式调用，然而在实例化新的对象时，会自动调用构造函数。main() 函数用下面的代码调用了构造函数：

```
Critter crit(7);
```

实例化 crit 时，程序自动调用其构造函数，并显示消息 A new critter has been born!。随后，构造函数将 7 赋值给对象的 m_Hunger 数据成员。

为证明构造函数确实起了作用，main() 调用对象的 Greet() 成员函数，显示结果为 Hi. I'm a critter. My hunger level is 7。

8.3 设置成员访问级别

与函数一样，应当将对象看作封装的实体。一般而言，应当避免直接修改或访问对象的数据成员，而是应当调用对象的成员函数，让对象自己维护其数据成员，确保其完整性。幸运的是，在定义类时，可以通过设置成员访问级别来实施这种数据成员的限制。

8.3.1 Private Critter 程序简介

Private Critter 程序演示了类成员访问级别。该程序为动物声明一个类，限制了对对象中表示饥饿程度的数据成员的直接访问。该类提供了两个成员函数：一个允许访问数据成员，另一个则允许对其进行修改。该程序创建了一个新的动物，并通过成员函数间接地访问与修改动物的饥饿程度。然而，当程序试图将饥饿程度修改为一个非法值时，用来修改的成员函数捕获了该非法值，并且不做出任何修改。最后，程序用一个合法值调用了设置饥饿程度的成员函数，并且起了作用。程序的结果如图 8.3 所示。

图 8.3 通过使用 Critter 对象的成员函数 GetHunger() 和 SetHunger()，
程序间接地访问了对象的数据成员 m_Hunger

从异步社区上可以下载该程序的代码。程序位于 **Chapter 8** 文件夹中，文件名为 **private_critter.cpp**。

```cpp
//Private Critter
//Demonstrates setting member access levels
#include <iostream>
using namespace std;
class Critter
{
public:             // begin public section
    Critter(int hunger = 0);
    int GetHunger() const;
    void SetHunger(int hunger);
private:            // begin private section
```

```
    int m_Hunger;
};
Critter::Critter(int hunger):
    m_Hunger(hunger)
{
    cout << "A new critter has been born!" << endl;
}
int Critter::GetHunger() const
{
    return m_Hunger;
}
void Critter::SetHunger(int hunger)
{
    if (hunger < 0)
    {
        cout << "You can't set a critter's hunger to a negative number.\n\n";
    }
    else
    {
        m_Hunger = hunger;
    }
}
int main()
{
    Critter crit(5);
    //cout << crit.m_Hunger;  //illegal, m_Hunger is private!
    cout << "Calling GetHunger(): " << crit.GetHunger() << "\n\n";
    cout << "Calling SetHunger() with -1.\n";
    crit.SetHunger(-1);
    cout << "Calling SetHunger() with 9.\n";
    crit.SetHunger(9);
    cout << "Calling GetHunger(): " << crit.GetHunger() << "\n\n";
    return 0;
}
```

8.3.2 指定公有与私有访问级别

类的每个数据成员和成员函数都有访问级别，它决定了程序中可以访问这些成员的位置。目前为止，我们一直使用关键字 public 来指定类成员具有公有访问级别。下面一行代码再次在 Critter 中开辟了一片公有区域：

```
public:      // begin public section
```

使用 public:的含义是，它随后（直到另一个访问级别指示符）的任何数据成员或成员函数都将是公有的，即程序的任何一部分都可以访问它们。因为所有的成员函数都在这个区域声明，也就是说代码的任何一部分都能够通过 Critter 对象调用其任意成员函数。

接下来，下面一行代码指定了一个私有区域：

```
private:    // begin private section
```

使用 private:的含义是，它随后（直到另一个访问级别指示符）的任何数据成员或成员函数都将是私有的。即只有 Critter 类中的代码可以直接访问它们。因为 m_Hunger 在这个区域声明，也就是说，只有 Critter 中的代码可以直接访问对象的 m_Hunger 数据成员。因此，无法像以前的程序那样，在 main()函数中通过对象直接访问其数据成员 m_Hunger。所以，main()中的下面一行代码如果不被注释的话，会是一条非法的语句：

```
//cout << crit.m_Hunger;   //illegal, m_Hunger is private!
```

因为 m_Hunger 是私有成员，所以无法从不属于 Critter 类的代码中对其直接进行访问。再次强调，只有属于 Critter 类的代码才能直接访问其数据成员。

目前只介绍了如何将数据成员声明为私有，但同样也可以让成员函数私有。还可以重复使用访问修饰符。因此，如果需要，在类的定义中可以在私有区域后面跟随一个公有区域，再跟随另一个私有区域。最后，成员访问级别默认是私有的，即直到指定一个访问修饰符，声明的任何类成员都将是私有的。

8.3.3 定义访问器成员函数

访问器成员函数允许间接访问数据成员，因为 m_Hunger 是私有的，所以编写了一个访问器成员函数 GetHunger()来返回数据成员的值（暂时可以忽略关键字 const）。

```
int Critter::GetHunger() const
{
    return m_Hunger;
}
```

main()中的下面代码使用了该成员函数：

```
cout << "Calling GetHunger(): " << crit.GetHunger() << "\n\n";
```

上面代码中的 crit.GetHunger()只是返回 crit 的 m_Hunger 数据成员的值 5。

> 正如对一般的函数一样，也可以将成员函数声明为内联函数。内联成员函数的一种方法是将成员函数的定义置于类定义之中，而一般情况下类定义中通常只声明成员函数。如果在类中包含成员函数的定义，那么自然不必在类的外部对其进行定义。
>
> 该规则的一个例外是，如果在类定义中定义成员函数时使用关键字 virtual，则成员函数不会被自动内联。第 10 章将介绍虚函数。

此刻，您或许想知道为什么要想方设法将数据成员私有化，使得只能通过访问器函数来对其进行访问。答案是一般情况下不需要完全的访问权。例如，设置对象的 m_Hunger 数据成员的访问器成员函数 SetHunger()：

```
void Critter::SetHunger(int hunger)
{
    if (hunger < 0)
    {
        cout << "You can't set a critter's hunger to a negative number.\n\n";
    }
    else
    {
        m_Hunger = hunger;
    }
}
```

该访问器成员函数首先检查以确保传递给它的值大于 0。如果不大于 0，则是非法值，只显示一条消息，保持数据成员不变。如果值大于 0，则对其进行修改。这样一来，SetHunger() 保护了 m_Hunger 的完整性，确保其不会被设置成一个负数。正如上面的代码一样，大多数游戏程序员以 Get 或 Set 作为访问器成员函数名称的前缀。

8.3.4　定义常量成员函数

常量成员函数既不能修改所属类的数据成员，也不能调用所属类的非常量成员函数。为什么要限制成员函数的行为？这又回到了最低需求分析的问题上来。如果不需要在成员函数中修改任何数据成员，那么最好将成员函数声明为常量成员函数。这样能防止程序员在成员函数中意外地修改数据成员，并且让程序的意图对其他程序员更加清晰明了。

陷阱

> 这里的解释其实不太准确。常量成员函数可以修改静态数据成员。本章稍后将在 8.4.2 节中介绍静态数据成员。而且，如果用 mutable 关键字限定数据成员，那么即使是常量成员函数也能对其进行修改。
>
> 然而，暂时不用考虑这些例外。

将关键字 const 置于函数头部的结尾处，这样可以声明一个常量成员函数。如 Critter 中的下面代码所示，它将 GetHunger()声明为一个常量成员函数：

```
int GetHunger() const;
```

这意味着 GetHunger()不能修改 Critter 类中定义的非静态数据成员的值，也不能调用该类的非常量成员函数。将 GetHunger()声明为常量成员函数的原因是，它只返回值，不需要修改任何数据成员。一般而言，Get 类的成员函数都可以被定义为常量成员函数。

8.4 使用静态数据成员与静态成员函数

对象很有用，因为每个实例都有自己的数据，形成了独立的个体。但如果要存储关于整个类的信息该如何？如存在的实例的总数目。如果创建了一批敌人，并希望根据他们的数目来攻击玩家，那么就可能要存储这样的信息。例如，如果敌人的总数目低于某个特定阈值，则希望他们逃跑。可以将实例的总数目存储在每个对象中，但这样会浪费存储空间。另外，当数目变化时，更新所有对象会比较麻烦。您真正需要的是为整个类存储单个值的方法，这可以通过静态数据成员来实现。

8.4.1 Static Critter 程序简介

Static Critter 程序在声明一种新的动物时使用了静态数据成员，用于存储创建出来的动物的总数目。它还定义了一个显示总数目的静态成员函数。在实例化任何新的动物对象前，通过直接访问存储了总数目的静态数据成员，程序显示了动物的总数目。接下来，程序实例化了 3 个新的动物。随后通过调用静态成员函数访问静态数据变量，显示动物的总数目，程序的结果如图 8.4 所示。

图 8.4 程序将 Critter 对象的总数目存储在静态数据成员 s_Total 中，
并通过两种不同方式访问该成员

从异步社区网站上可以下载到该程序的代码。程序位于 Chapter 8 文件夹中，文件名为 static_critter.cpp。

```cpp
//Static Critter
//Demonstrates static member variables and functions
#include <iostream>
using namespace std;
class Critter
{
public:
    static int s_Total;      //static member variable declaration
                             //total number of Critter objects in existence
    Critter(int hunger = 0);
    static int GetTotal();   //static member function prototype
private:
    int m_Hunger;
};
int Critter::s_Total = 0;   //static member variable initialization
Critter::Critter(int hunger) :
    m_Hunger(hunger)
{
    cout << "A critter has been born!" << endl;
    ++s_Total;
}
int Critter::GetTotal()      //static member function definition
```

```
{
    return s_Total;
}
int main()
{
    cout << "The total number of critters is: ";
    cout << Critter::s_Total << "\n\n";
    Critter crit1, crit2, crit3;
    cout << "\nThe total number of critters is: ";
    cout << Critter::GetTotal() << "\n";
    return 0;
}
```

8.4.2   声明与初始化静态数据成员

*静态数据成员*是为整个类而存在的数据成员。在类的定义中，声明了一个静态数据成员 s_Total，用于存储实例化的 **Critter** 对象的总数目。

```
static int s_Total;  //static member variable declaration
```

可以像上面的代码一样声明自己的静态数据成员，方法是在声明语句前使用 static 关键字。用 s_ 作为变量名的前缀，以便立刻辨识出它是静态数据成员。

在类定义的外部将该静态数据成员初始化为 0。

```
int Critter::s_Total = 0;  //static member variable initialization
```

注意，代码使用 **Critter::** 来限定数据成员名。在类定义的外部必须用类名来限定静态数据成员。上面的代码执行后，与 **Critter** 类相关的一个值被存储在类的静态数据成员 s_Total 中，该值为 0。

提示

我们还可以在不属于类的函数中定义静态变量。静态变量在函数调用之间保留其值。

8.4.3   访问静态数据成员

可以在程序的任何一处访问公有静态数据成员。下面的代码在 main() 函数中访问 **Critter::s_Total**，显示结果为 0。这是该静态数据成员的值，也是已被实例化的 **Critter** 对象的总数目。

```
cout << Critter::s_Total << "\n\n";
```

提示

> 也可以通过类的任意对象访问静态数据成员。假设 crit1 是一个 Critter 对象，
> 下面的代码可以显示动物的总数目：
>
> ```
> cout << crit1.s_Total << "\n\n";
> ```

在 Critter 的构造函数中，下面一行代码也访问了静态数据成员 s_Total，使其递增。

```
   ++s_Total;
```

这意味着每当实例化新的对象时，s_Total 都被递增。注意，访问时没有用 Critter:: 来限定 s_Total。正如非静态数据成员一样，在类的内部，不必使用类名来限定静态数据成员。

尽管程序将静态数据成员声明为公有，但可以使其私有化，只是如果这么做，就与其他任何数据成员一样，只能在类的成员函数之中对其进行访问。

8.4.4　声明与定义静态成员函数

静态成员函数是为整个类而存在的函数。下面一行代码在 Critter 中声明了一个静态成员函数：

```
        static int GetTotal();  //static member function prototype
```

可以像上面的代码一样声明自己的静态成员函数，方法是在声明语句前使用关键字 static。静态成员函数主要用来使用静态数据成员。

下面的代码定义了静态成员函数 GetTotal()，它返回静态数据成员 s_Total 的值。

```
int Critter::GetTotal()    //static member function definition
{
    return s_Total;
}
```

静态成员函数的定义与目前所见的非静态成员函数的定义非常相似。它们的主要区别在于静态成员函数不能访问非静态数据成员。这是因为静态成员函数为整个类存在，而与该类的某个特定实例无关。

8.4.5　调用静态成员函数

main()实例化 3 个 Critter 对象后，又用下面一行代码显示了动物的总数目，结果为 3。

```
    cout << Critter::GetTotal() << "\n\n";
```

为了正确地找到静态成员函数，必须使用 **Critter::** 来限定它。即要从类的外部调用一个静态成员函数，必须使用类名进行限定。

提示

> 还可以通过类的任意对象访问静态成员函数。假设 crit1 是一个 Critter 对象，可以使用下面一行代码显示动物的总数目：
>
> ```
> cout << crit1.GetTotal() << "\n\n";
> ```

因为静态成员函数为整个类而存在，所以在不存在该类的任何实例的情况下也可以调用静态成员函数。正如私有静态数据成员一样，只能通过同一个类的其他成员函数来访问私有静态成员函数。

8.5 Critter Caretaker 游戏简介

Critter Caretaker 游戏让玩家来照看自己的虚拟宠物。玩家要完全负责照看好动物，这项任务并不简单。玩家可以通过喂养动物和与动物玩耍来让它保持良好的情绪，还可以听动物说话来判断动物的情绪，这种情绪可以在高兴到气愤之间变化。游戏如图 8.5 所示。

图 8.5　如果没有喂养或让动物高兴，它的情绪会变坏（但是别担心，只需适当的照料，动物的情绪会好转）

从异步社区上可以下载到该程序的代码。程序位于 Chapter 8 文件夹中，文件名为 critter_caretaker.cpp。

8.5.1 游戏规划

该游戏的核心是动物自身，因此首先要对 Critter 类进行规划。因为希望每个动物拥有独立的饥饿与厌倦程度，所以可以使用私有数据成员来表示：

- m_Hunger
- m_Boredom

动物应当还有一个直接基于饥饿与厌倦程度的情绪值。第一个想法是使用一个私有数据成员，但是动物的情绪实际上是一个由饥饿与厌倦程度计算出来的值。于是，我们决定使用一个私有成员函数，并使用它基于动物当前的饥饿与厌倦程度来即时地计算其情绪值：

- GetMood()

接下来，考虑公有成员函数。我们希望动物能够告诉玩家它的感受，也希望玩家能够喂养动物并与动物玩耍以降低其饥饿与厌倦程度。完成这些任务需要3 个公有成员函数：

- Talk()
- Eat()
- Play()

最后还需要一个成员函数来模拟时间的推移，让动物慢慢地变得饥饿与厌倦：

- PassTime()

把该成员函数当作私有成员来处理，这是因为它只需要被其他成员函数调用，如 Talk()、Eat() 或 Play()。

该类还将定义构造函数来初始化数据成员。看一下图 8.6 所示的 Critter 类模型。每个数据成员和成员函数之前都有一个符号来表示其访问级别：+表示公有，－表示私有。

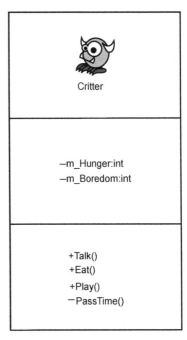

图 8.6 Critter 类模型

8.5.2　规划伪代码

程序的余下部分相当简单。基本而言，就是一个游戏主循环，询问玩家是否要倾听、喂养或者与动物玩耍，或者是退出游戏。伪代码如下：

```
Create a critter
While the player doesn't want to quit the game
    Present a menu of choices to the player
    If the player wants to listen to the critter
        Make the critter talk
    If the player wants to feed the critter
        Make the critter eat
    If the player wants to play with the critter
        Make the critter play
```

8.5.3　Critter 类

Critter 类是表示玩家的动物对象的蓝图。该类并不复杂，而且大部分看起来都应当比较熟悉，但它的内容比较多，所以这里分解开来进行详细介绍。

1. 类的定义

一些初始的注释和语句之后便是 Critter 类。

```
//Critter Caretaker
//Simulates caring for a virtual pet
#include <iostream>
using namespace std;
class Critter
{
public:
    Critter(int hunger = 0, int boredom = 0);
    void Talk();
    void Eat(int food = 4);
    void Play(int fun = 4);
private:
    int m_Hunger;
    int m_Boredom;
    int GetMood() const;
    void PassTime(int time = 1);
};
```

m_Hunger 是表示动物饥饿程度的私有数据成员，而 m_Boredom 则是表示动物厌倦程度的私有数据成员。下面分别介绍每个成员函数。

2. 类的构造函数

构造函数接受两个参数 hunger 和 boredom。每个参数都有默认的初始值 0，在类定义中的构造函数的原型中指定。hunger 和 boredom 分别用来初始化 m_Hunger 和 m_Boredom。

```
Critter::Critter(int hunger, int boredom):
    m_Hunger(hunger),
    m_Boredom(boredom)
{}
```

3. GetMood( )成员函数

接下来定义 GetMood()：

```
inline int Critter::GetMood() const
{
    return (m_Hunger + m_Boredom);
}
```

该内联成员函数的返回值表示动物的情绪值。用动物的饥饿与厌倦程度之和来表示动物情绪值，随着其值增加，动物的情绪逐步恶化。这个成员函数被私有化，因为它只需要被类的其他成员函数调用。而且它被声明为常量成员函数，因为它不会修改数据成员。

4. PassTime( )成员函数

PassTime()是增加动物饥饿与厌倦程度的私有成员函数。表示动物做某件事情（进食、玩耍或说话）的成员函数最后调用 PassTime()，用以模拟时间的推移。该成员函数被私有化，因为它只需要被类的其他成员函数调用。

```
void Critter::PassTime(int time)
{
    m_Hunger += time;
    m_Boredom += time;
}
```

可以向该成员函数传递流逝的时间，否则 time 将接受 Critter 类定义中该成员函数原型中指定的默认参数 1。

5. Talk()成员函数

Talk()成员函数宣布动物的情绪值，可能是高兴、很好、沮丧或者愤怒。Talk()调用

GetMood()，并且根据其返回值显示适当的消息来表示动物的情绪。最后，它调用 PassTime()
来模拟时间的推移。

```cpp
void Critter::Talk()
{
    cout << "I'm a critter and I feel ";
    int mood = GetMood();
    if (mood > 15)
    {
        cout << "mad.\n";
    }
    else if (mood > 10)
    {
        cout << "frustrated.\n";
    }
    else if (mood > 5)
    {
        cout << "okay.\n";
    }
    else
    {
        cout << "happy.\n";
    }
    PassTime();
}
```

6. Eat()成员函数

Eat()降低动物的饥饿程度，降低量为传递给参数 food 的大小。如果没有给它传递值，
则 food 接受默认参数 4。程序会检测动物的饥饿程度，不允许低于 0。最后调用 PassTime()
模拟时间的推移。

```cpp
void Critter::Eat(int food)
{
    cout << "Brruppp.\n";
    m_Hunger -= food;
    if (m_Hunger < 0)
    {
        m_Hunger = 0;
    }
    PassTime();
}
```

7. Play()成员函数

Play()降低动物的厌倦程度，降低量为传递给参数 fun 的大小。如果没有给它传递值，则 fun 接受默认参数 4。程序会检测动物的厌倦程度，不允许低于 0。最后调用 PassTime()模拟时间的推移。

```cpp
void Critter::Play(int fun)
{
    cout << "Wheee!\n";
    m_Boredom -= fun;
    if (m_Boredom < 0)
    {
        m_Boredom = 0;
    }
    PassTime();
}
```

8.5.4　main()函数

main()实例化了一个 Critter 对象。因为没有为 m_Hunger 和 m_Boredom 提供值，所以这两个数据成员初始化为 0，动物刚开始处于高兴与满足的状态。接下来，程序创建了一个菜单系统。如果玩家输入 0，程序结束；输入 1，则调用对象的 Talk()成员函数；输入 2，则调用 Eat()成员函数；输入 3，则调用 Play()成员函数；如果输入其他任何字符，则告诉玩家选择是非法的。

```cpp
int main()
{
    Critter crit;
    crit.Talk();
    int choice;
    do
    {
        cout << "\nCritter Caretaker\n\n";
        cout << "0 - Quit\n";
        cout << "1 - Listen to your critter\n";
        cout << "2 - Feed your critter\n";
        cout << "3 - Play with your critter\n\n";
        cout << "Choice: ";
        cin >> choice;
        switch (choice)
```

```
        {
            case 0:
                cout << "Good-bye.\n";
                break;
            case 1:
                crit.Talk();
                break;
            case 2:
                crit.Eat();
                break;
            case 3:
                crit.Play();
                break;
            default:
                cout << "\nSorry, but " << choice << " isn't a valid choice.\n";
        }
    } while (choice != 0);
    return 0;
}
```

8.6 本章小结

本章介绍了以下概念：

■ 面向对象编程（OOP）是一种编程思维方式。程序员使用它来定义不同类型的有相互作用关系的对象。

■ 可以通过定义类来创建新的类型。

■ 类是对象的蓝图。

■ 可以在类中声明数据成员和成员函数。

■ 在类定义以外定义成员函数时，必须使用类名和作用域解析运算符（::）来对其进行限定。

■ 在类的定义中直接定义成员函数可以将其内联。

■ 通过成员选择运算符（.）可以访问对象的数据成员与成员函数。

■ 每个类都有构造函数————一种每次在实例化新对象时自动调用的特殊成员函数。构造函数经常用于初始化数据成员。

- 默认构造函数不需要参数。如果不在类定义中提供构造函数，则编译器将为程序员创建一个默认构造函数。
- 在构造函数中，成员初始式是一种对数据成员赋值的快捷方法。
- 可以通过使用关键字 public、private 和 protected 在类中设置成员访问级别（参见第 9 章）。
- 公有成员可以通过对象被代码的任意部分访问。
- 私有成员只能被类的成员函数访问。
- 访问器成员函数允许对数据成员的间接访问。
- 静态数据成员属于整个类。
  静态成员函数属于整个类。
- 一些游戏程序员分别用 m_ 和 s_ 作为私有数据成员名和静态数据成员名的前缀，以便一眼就能将它们识别出来。
- 常量成员函数无法修改非静态数据成员，也不能调用该类的非常量成员函数。

8.7　问与答

问：什么是过程式编程？

答：这是一种编程范型。在这种编程范型中，任务被分解为一系列更小的任务，并用可管理的代码块（如函数）实现。在过程式编程中，函数与数据是分离的。

问：什么是对象？

答：组合数据与函数的实体。

问：为什么要创建对象？

答：因为世界（尤其是游戏世界）中充满了对象。通过创建自定义类型，我们可以比使用其他方法更直接、更直观地表现对象以及它们与其他对象之间的关系。

问：什么是面向对象编程？

答：这是一种通过对象来完成任务的编程范型。它允许程序员定义自己的对象类型。这些对象通常相互联系，并且能相互作用。

问：C++ 是面向对象编程语言还是过程式编程语言？

答：C++ 是一种多范型编程语言。它允许游戏程序员使用过程式方法或面向对象方法编写游戏，或将二者结合起来（仅举几个选项）。

问：总是应当试着用面向对象方法编写游戏程序吗？

答：尽管市场上的几乎每个商业软件都采用面向对象编程，但并不是必须使用这种范型来编写游戏。C++允许使用多种编程范型中的一种。然而一般而言，大型游戏项目几乎总会受益于面向对象的方法。

问：为什么不将所有的类成员公有化？

答：因为这样违背了封装的思想。

问：什么是封装？

答：它是一种自包含的特性。在面向对象编程中，封装防止用户代码直接访问对象的内部。然而，它鼓励用户代码使用对象定义好的接口。

问：封装有何好处？

答：在面向对象编程中，封装保护了对象的完整性。例如，假设有一个带有表示燃料的数据成员的飞行器对象，通过防止对该数据成员的直接访问，我们可以保证它不会变为一个非法值（如负数）。

问：应当通过访问器成员函数来提供数据成员的访问权吗？

答：一些游戏程序员认为绝不应当通过访问器成员函数来提供数据成员的访问权，因为即使这种访问是间接的，但还是违背了封装的思想。他们认为应当编写成员函数为用户代码提供所有需要的功能，消除用户代码访问特定数据成员的需求。

问：什么是可变数据成员？

答：它是指可以修改、甚至可以被常量成员函数修改的数据成员。使用关键字 mutable 来创建可变数据成员。也可以对常量对象的可变数据成员进行修改。

问：为什么默认构造函数很有用处？

答：因为有时候要在没有参数传递给构造函数的情况下自动创建对象，如在创建一个对象数组时。

问：什么是结构？

答：结构与类非常相似。真正唯一的区别是结构的默认访问级别是公有的。使用关键字 struct 来定义结构。

问：为什么 C++同时拥有结构与类？

答：这样 C++可以与 C 保持向后兼容。

问：何时应当使用结构？

答：一些游戏程序员使用结构只是组合数据，而不组合函数（因为这是 C 结构的工作方式）。但最好尽可能避免使用结构，而是使用类。

8.8 问题讨论

1. 过程式编程有何优缺点?
2. 面向对象编程有何优缺点?
3. 访问器成员函数代表糟糕的类设计吗? 请给出解释。
4. 常量成员函数对游戏程序员有何帮助?
5. 什么时候即时地计算对象的属性, 而不是将其存储为一个数据成员?

8.9 习题

1. 改进 Critter Caretaker 程序, 使得用户可以输入一个不在菜单中的选项, 用以显示动物的饥饿与厌倦程度的真实值。

2. 修改 Critter Caretaker 程序, 使得动物能通过暗示它有多饥饿与多厌倦来更好地表达其需求。

3. 下面的程序在设计上有什么问题?

```cpp
#include <iostream>
using namespace std;
class Critter
{
public:
    int GetHunger() const {return m_Hunger;}
private:
    int m_Hunger;
};
int main()
{
    Critter crit;
    cout << crit.GetHunger() << endl;
    return 0;
}
```

第 **9** 章

高级类与动态内存：Game Lobby

C++让游戏程序员对计算机具有高度控制权，其最基本的功能之一是对内存的直接控制。本章将介绍**动态内存**，即程序员自己管理的内存。能力越大则责任越大，所以我们将介绍动态内存的隐患以及避免方法，还将介绍更多关于类的知识。具体而言，本章内容如下：

- 对象的组合；
- 使用友元函数；
- 运算符重载；
- 内存的动态分配与释放；
- 内存泄漏的避免；
- 对象的深拷贝。

9.1 使用聚合体

游戏对象经常由其他对象构成。例如，在赛车游戏中，赛车可以看作是由其他独立对象构成的单个对象，其他对象有车体、4 个轮胎以及一个引擎。另外有些时候，也许将对象看作是相关的对象的集合。在动物饲养员模拟程序中，可能将动物园看作是任意数量动物的集合。我们可以使用面向对象编程中的聚合体来模拟这种对象之间的关系。聚合体是对象的组合，因此对象是另一对象的一部分。例如，可以编写一个 Drag_Racer 类，它包含一个 engine 数据成员，该成员是 Engine 对象。或者，可以编写一个 Zoo 类，它包含一个 animals 数据成员，该成员是 Animal 对象的集合。

9.1.1 Critter Farm 程序简介

Critter Farm 程序定义了一种新的有名称的动物。程序宣布新动物的名称后，创建了一个动物农场——动物的集合。最后，程序在农场上点名，每个动物都宣布其名称。程序的结果如图 9.1 所示。

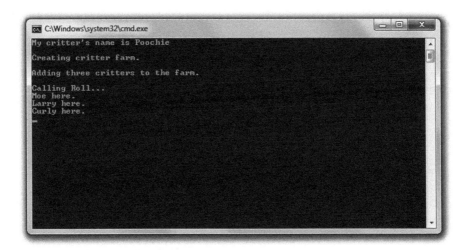

图 9.1 动物农场是每个有名称动物的集合

从异步社区网站上可以下载到该程序的代码。程序位于 **Chapter 9** 文件夹中，文件名为 critter_farm.cpp。

```cpp
//Critter Farm
//Demonstrates object containment
#include <iostream>
#include <string>
#include <vector>
using namespace std;
class Critter
{
public:
    Critter(const string& name = "");
    string GetName() const;
private:
    string m_Name;
};
Critter::Critter(const string& name):
    m_Name(name)
{}
inline string Critter::GetName() const
{
```

```cpp
        return m_Name;
}
class Farm
{
public:
    Farm(int spaces = 1);
    void Add(const Critter& aCritter);
    void RollCall() const;
private:
    vector<Critter> m_Critters;
};
Farm::Farm(int spaces)
{
    m_Critters.reserve(spaces);
}
void Farm::Add(const Critter& aCritter)
{
    m_Critters.push_back(aCritter);
}
void Farm::RollCall() const
{
    for (vector<Critter>::const_iterator iter = m_Critters.begin();
         iter != m_Critters.end();
         ++iter)
    {
        cout << iter->GetName() << " here.\n";
    }
}
int main()
{
    Critter crit("Poochie");
    cout << "My critter's name is " << crit.GetName() << endl;
    cout << "\nCreating critter farm.\n";
    Farm myFarm(3);
    cout << "\nAdding three critters to the farm.\n";
    myFarm.Add(Critter("Moe"));
    myFarm.Add(Critter("Larry"));
    myFarm.Add(Critter("Curly"));
    cout << "\nCalling Roll...\n";
    myFarm.RollCall();
    return 0;
}
```

9.1.2 使用对象数据成员

定义类时使用聚合体的一种方法是声明存储另一个对象的一个数据成员。如 Critter 中的下面代码所示，它声明了一个 string 类型的数据成员 m_Name：

```
string m_Name;
```

一般而言，当对象包含另一个对象时便使用了聚合体。在本例中，动物有了一个名称。对象之间的这种关系称为包含关系。

在实例化新对象时，程序将声明用于为动物命名：

```
Critter crit("Poochie");
```

它调用了 Critter 的构造函数：

```
Critter::Critter(const string& name):
    m_Name(name)
{}
```

通过传递字符串字面值"Poochie"，程序调用了构造函数，并初始化了一个表示名称的 string 对象。构造函数把该对象赋值给了 m_Name。一个名为 Poochie 的新动物诞生了。

接下来，程序的下面一行代码显示了动物的名称：

```
cout << "My critter's name is " << crit.GetName() << endl;
```

代码 crit.GetName()返回表示动物名称的 string 对象的一份副本，它被发送给 cout 并显示在屏幕上。

9.1.3 使用容器数据成员

还可以使用容器作为对象的数据成员，如 Farm 类的定义中一样。为该类声明的唯一数据成员只是一个包含 Critter 对象的向量 m_Critter：

```
vector<Critter> m_Critters;
```

下面的代码实例化了一个新的 Farm 对象：

```
Farm myFarm(3);
```

它调用了 Farm 的构造函数：

```
    Farm::Farm(int spaces)
{
    m_Critters.reserve(spaces);
}
```

构造函数在 Farm 对象的 m_Critter 向量中为 3 个 Critter 对象分配了内存。

接下来，通过调用该 Farm 对象的 Add()成员函数，程序将 3 个动物添加到农场中：

```
    myFarm.Add(Critter("Moe"));
    myFarm.Add(Critter("Larry"));
    myFarm.Add(Critter("Curly"));
```

下面的成员函数接受一个指向 Critter 对象的常量引用，并将该对象的一份副本添加到 m_Critters 向量中：

```
void Farm::Add(const Critter& aCritter)
{
    m_Critters.push_back(aCritter);
}
```

陷阱

push_back()将对象的一个副本添加到向量中，即每次调用 Add()时都创建了一个额外的 Critter 对象的副本。如果使用指向对象的指针的向量来进行添加的话，这对 Critter Farm 程序影响不大，本章稍后将介绍如何使用对象的指针。

最后，程序通过 Farm 对象的 RollCall()成员函数来点名：

```
    myFarm.RollCall();
```

上面的代码循环访问了向量，调用每个 Critter 对象的 GetName()成员函数，并让每个动物说出其名称。

9.2 使用友元函数与运算符重载

友元函数与运算符重载是关于类的两个高级概念。*友元函数对类的任何成员都有完全的访问权。可以对与类对象相关的内置运算符进行重载，为其定义新的含义。我们将看到，这两个概念可以结合使用。*

9.2.1 Friend Critter 程序简介

Friend Critter 程序创建了一个动物对象，随后使用了一个友元函数显示动物的名称。该友元函数可以直接访问存储动物名称的私有数据成员。最后，通过将对象发送给标准输出，程序显示了该动物对象。这是通过友元函数和运算符重载实现的。程序的结果如图 9.2 所示。

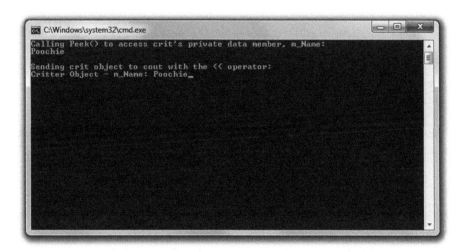

图 9.2 动物的名称是通过友元函数来显示的，动物对象是通过将其发送给标准输出来显示的

从异步社区网站上可以下载到该程序的代码。程序位于 **Chapter 9** 文件夹中，文件名为 friend_critter.cpp。

```cpp
//Friend Critter
//Demonstrates friend functions and operator overloading
#include <iostream>
#include <string>
using namespace std;
class Critter
{
    //make following global functions friends of the Critter class
    friend void Peek(const Critter& aCritter);
    friend ostream& operator<<(ostream& os, const Critter& aCritter);
public:
    Critter(const string& name = "");
```

```
    private:
        string m_Name;
    };
    Critter::Critter(const string& name):
        m_Name(name)
    {}
    void Peek(const Critter& aCritter);
    ostream& operator<<(ostream& os, const Critter& aCritter);
    int main()
    {
        Critter crit("Poochie");
        cout << "Calling Peek() to access crit's private data member, m_Name: \n";
        Peek(crit);
        cout << "\nSending crit object to cout with the << operator:\n";
        cout << crit;
        return 0;
    }
    //global friend function that can access all of a Critter object's members
    void Peek(const Critter& aCritter)
    {
        cout << aCritter.m_Name << endl;
    }
    //global friend function that can access all of Critter object's members
    //overloads the << operator so you can send a Critter object to cout
    ostream& operator<<(ostream& os, const Critter& aCritter)
    {
        os << "Critter Object - ";
        os << "m_Name: " << aCritter.m_Name;
        return os;
    }
```

9.2.2 创建友元函数

类的友元函数可以访问其任何成员。指定函数为某个类的友元函数的方法是，在类定义中列出前面带有关键字 friend 的函数原型。如 Critter 定义中的下面一行代码所示，其含义是全局函数 Peek() 是 Critter 的友元函数。

```
    friend void Peek(const Critter& aCritter);
```

也就是说，尽管 Peek() 不是 Critter 类的成员函数，但它还是可以访问 Critter 的任意成员。Peek()利用这种关系访问私有数据成员 m_Name，以显示传递给它的动物的名称。

```
void Peek(const Critter& aCritter)
{
    cout << aCritter.m_Name << endl;
}
```

当 main()用下面一行代码调用 Peek()时，crit 的私有数据成员 m_Name 被显示出来，屏幕上显示 Poochie。

```
Peek(crit);
```

9.2.3 运算符重载

运算符重载听上去就像是要不惜一切代价避免的事情，例如，"小心，这个运算符重载了，她可能会出问题"——但实际情况不是这样的。运算符重载可以为内置运算符定义新的意义，以便将它们用于自定义类型。例如，可以重载*运算符，使其在用于两个 3D 矩阵（由自定义的某个类实例化得到的对象）时，计算这两个矩阵的乘积。

重载运算符的方法是，定义一个名为 operatorX 的函数，其中 X 是需要重载的运算符。在重载<<运算符时便是如此，我们定义了一个名为 operator<<的函数。

```
ostream& operator<<(ostream& os, const Critter& aCritter)
{
    os << "Critter Object - ";
    os << "m_Name: " << aCritter.m_Name;
    return os;
}
```

该函数重载了<<运算符，使得在用<<将 Critter 对象发送给 cout 时，数据成员 m_Name 被显示出来。本质上而言，该函数让我们很容易地显示了 Critter 对象。它之所以能直接访问 Critter 对象的私有数据成员 m_Name，是因为 Critter 中的下面一行代码使得该函数成为类的友元。

```
friend ostream& operator<<(ostream& os, const Critter& aCritter);
```

即通过用<<运算符将 Critter 对象发送给 cout，就能显示该对象。如 main()中的下面一行代码所示，它显示了文本 Critter Object – m_Name: Poochie。

```
cout << crit;
```

该函数能起作用是因为 cout 属于 ostream 类，而该类已经重载了<<运算符，因此可以将内置类型发送给 cout。

9.3 动态分配内存

到目前为止，无论何时定义一个变量，C++都会为其分配所需的内存。当创建变量的函数结束时，C++会释放这部分内存。这部分用于局部变量的内存称为栈。但是，还有另一种与程序中的函数保持独立的内存。这部分内存由程序员负责分配与释放，它们统称为**堆（或自由存储区）**。

此时，您可能会想：何必要使用另一种内存？栈已经足够了。使用堆中的动态内存带来的好处可以概括为两个字——效率。通过堆，我们可以在任何特定时间只使用需要的那部分内存。如果某个游戏某一关有 100 个敌人，可以在关卡开始时为这些敌人分配内存，然后在结束的时候释放内存。堆还允许在函数中创建一个函数结束后也能访问的对象（不必返回对象的副本）。例如，可能在一个函数中创建一个表示屏幕的对象，然后返回它的访问权。您将发现动态内存是编写所有大型游戏的重要工具。

9.3.1 Heap 程序简介

Heap 程序对动态内存进行了演示。程序为一个整型变量在堆中动态分配了内存，并为它赋值，然后显示出来。接下来，程序调用了一个函数，为另一个变量在堆中动态分配内存，并为该变量赋值，然后返回它的指针。程序使用返回的指针显示变量的值，然后释放堆中的内存。最后，程序还包含了两个误用动态内存的函数。我们没有调用这两个函数，只是通过它们来说明对动态内存的误操作。程序如图 9.3 所示。

图 9.3　两个 int 型值都存储在堆中

从异步社区网站上可以下载到该程序的代码。程序位于 **Chapter 9** 文件夹中，文件名为 **heap.cpp**。

```cpp
// Heap
// Demonstrates dynamically allocating memory
#include <iostream>
using namespace std;
int* intOnHeap();    //returns an int on the heap
void leak1();        //creates a memory leak
void leak2();        //creates another memory leak
int main()
{
    int* pHeap = new int;
    *pHeap = 10;
    cout << "*pHeap: " << *pHeap << "\n\n";
    int* pHeap2 = intOnHeap();
    cout << "*pHeap2: " << *pHeap2 << "\n\n";
    cout << "Freeing memory pointed to by pHeap.\n\n";
    delete pHeap;
    cout << "Freeing memory pointed to by pHeap2.\n\n";
    delete pHeap2;
    //get rid of dangling pointers
    pHeap = 0;
    pHeap2 = 0;
    return 0;
```

```
}
int* intOnHeap()
{
    int* pTemp = new int(20);
    return pTemp;
}
void leak1()
{
    int* drip1 = new int(30);
}
void leak2()
{
    int* drip2 = new int(50);
    drip2 = new int(100);
    delete drip2;
}
```

9.3.2　使用 new 运算符

new 运算符在堆中分配内存，然后返回其地址。使用方法是在 new 后面加上要分配内存空间的值的类型，如 main() 函数的第一行代码所示：

```
int* pHeap = new int;
```

该语句中的 new int 为一个 int 型变量在堆中分配足够的内存，并返回堆中那块内存的地址。语句的另一部分 int* pHeap 声明了一个局部指针 pHeap，它指向堆中新分配的内存块。

使用 pHeap 可以对在堆中为整数预留的内存块进行操作。例如，程序使用 pHeap 将 10 复制到该内存块，然后显示堆中的该值，如同使用其他任何 int 变量的指针一样。唯一的区别在于 pHeap 指向的内存块在堆中，而不在栈中。

提示

通过在类型之后放置一个用括号括起来的值，我们可以在分配堆中内存的同时对其初始化。看起来有些复杂，其实很简单。例如，下面一行代码为一个 int 型变量在堆中分配了一个内存块，并将其赋值为 10。该语句然后将内存块的地址赋值给 pHeap。

```
int* pHeap = new int(10);
```

　　堆中内存的主要优点之一是，它能在其分配时所在的函数之外继续存活。这意味着可以在函数中创建一个堆中的对象，然后返回它的指针或引用，如下面一行代码所示：

```
int* pHeap2 = intOnHeap();
```

该语句调用函数 intOnHeap()，它为一个 int 型变量在堆中分配了一个内存块，并赋以值 20。

```
int* intOnHeap()
{
    int* pTemp = new int(20);
    return pTemp;
}
```

随后，函数返回了该内存块的指针。回到 main()函数中，赋值语句将堆中内存块的地址赋给了 pHeap2。接下来，程序使用返回的指针显示其值：

```
cout << "*pHeap2: " << *pHeap2 << "\n\n";
```

提示

> 到目前为止，如果要返回函数中创建的值，必须返回其副本。但是通过使用动态内存，可以在函数中将对象创建在堆中，然后返回新对象的指针。

　　与栈中局部变量的存储不同，堆中分配的内存必须显式地释放。当不再使用已经用 new 分配过的内存时，应当使用 delete 将其释放。如下面一行代码所示，它释放了存储值 10 的堆中的内存：

```
delete pHeap;
```

这部分内存被返回给堆以备将来使用，存储在其中的数据不再可用。接下来，程序又释放掉存储了值 20 的堆中的内存：

```
delete pHeap2;
```

这部分内存被返回给堆以备将来使用，存储在其中的数据不再可用。注意，就 delete 而言，无论释放掉程序中哪一处分配的内存都是没有区别的。

技巧

> 因为需要释放掉不再使用的已经分配过的内存，所以一个较好的准则是每个 new 都应当有一个相应的 delete。实际上，有些程序员尽可能地在编写 new 语句之后就编写 delete 语句，这样就不会忘记释放内存。

这里要理解的重点是，上面的两条语句释放掉堆中的内存，但是它们没有直接影响到局部变量 pHeap 和 pHeap2。这造成了一个潜在问题，因为 pHeap 与 pHeap2 现在指向已经返回给堆的内存，即它们指向计算机可能在任意某个时刻以某种方式使用的内存。像这样的指针称为野指针，它们相当危险，绝不应当对它们解引用。一种处理野指针的方法是将它们赋值为 0。如下面两行代码所示，它们对两个野指针重新赋值，使得它们不再指向不应当指向的内存：

```
pHeap = 0;
pHeap2 = 0;
```

另一种处理野指针的方法是为其赋予一个合法的内存地址。

陷阱

对野指针使用 delete 可能导致程序崩溃。确保将野指针置为 0 或将其赋值为一个新的合法内存块地址。

9.3.3 避免内存泄漏

允许程序员分配与释放内存带来的一个问题是，程序员可能分配了内存，然后失去获得它的方式，这样就永远不能释放掉这块内存。如果内存像这样丢失，我们称之为内存泄漏。如果泄露太大，程序可能用尽内存，然后崩溃。游戏程序员有责任避免内存泄漏。

Heap 程序中有两个函数特意造成内存泄漏，以便展示使用动态内存时某些错误的操作。第一个函数是 leak1()，它为一个 int 型值在堆中分配了一个内存块，然后函数结束。

```
void leak1()
{
    int* drip1 = new int(30);
}
```

如果要调用这个函数，内存将在程序结束前丢失（好吧，有可能是在程序结束之后丢失内存）。问题在于，与堆中新分配的内存块有唯一联系的 drip1 是局部变量，当函数 leak1() 结束后不复存在。因此，没有办法释放已分配的内存。图 9.4 用图形描述了泄露如何发生。

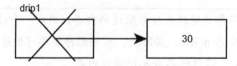

图 9.4 再也不能访问存储值 30 的内存以便将其释放，因此它已经泄露到系统之外

要避免这样的内存泄漏，有两个办法：可以在 leak1() 中使用 delete 释放内存，或者返回指针 drip1 的副本。如果选择后者，则必须确保在程序的其他某处释放内存。

第二个产生内存泄漏的函数是 leak2()。

```
void leak2()
{
    int* drip2 = new int(50);
    drip2 = new int(100);
    delete drip2;
}
```

这样的内存泄漏有些隐秘，但泄露问题仍然存在。函数体的第一行 int* drip2 = new int(50); 在堆中分配了一片新的内存，将其赋值为 50，然后让 drip2 指向这片内存。目前为止，一切正常。第二行 drip2 = new int(100); 将 drip2 指向堆中的一片新的存储值 100 的内存。问题在于，现在没有任何指针指向堆中存储 50 的那片内存，因此程序没有办法将其释放掉。于是，这片内存实际上已经泄露到系统以外。图 9.5 用图形描述了泄露如何发生。

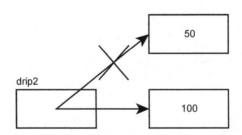

图 9.5　通过修改 drip2 使其指向存储值 100 的内存，存储值 50 的内存不再可访问，所以泄漏到系统以外

函数的最后一条语句 delete drip2; 释放了存储值 100 的内存，因此不会造成另一个内存泄漏。但是记住，堆中存储值 50 的内存还是已经泄露到系统以外。另外，不必担心技术上而言已经成为野指针的 drip2，因为函数结束后它将不复存在。

9.4　使用数据成员与堆

我们已经介绍了如何使用聚合体来声明存储对象的数据成员，但还可以声明指向堆中的值的指针数据成员。与在某些情况下需要使用指针的原因相同，可能需要使用指向堆中的值的指针数据成员。例如，可能要声明一个表示大型 3D 场景的数据成员。然而，也许只能通过指针来访问它。遗憾的是，使用指向堆中的值的指针数据成员可能导致一些问题，原因在于某些默认的对象行为的工作方式。但是，通过编写成员函数修改这些默认行为，我们可以避免这些问题。

9.4.1　Heap Data Member 程序简介

Heap Data Member 程序用指针数据成员定义了一种新的动物，该指针数据成员指向一个存储在堆中的对象。该动物类定义了新的成员函数来处理对象在销毁、复制或赋值给另一对象时的情况。程序对对象执行的销毁、复制以及赋值操作表明对象的行为与预期的一致，即使它带有指向堆中的值的指针数据成员。程序的结果如图 9.6 所示。

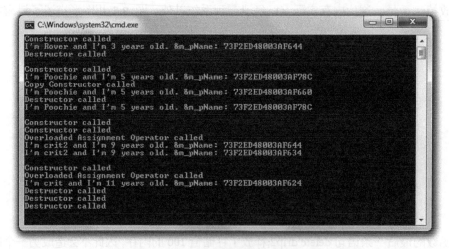

图 9.6　每个对象都有指向堆中的值的指针数据成员，这些对象被实例化、复制以及销毁

从异步社区网站上可以下载该程序的代码。程序位于 Chapter 9 文件夹中，文件名为 **heap_data_member.cpp**。

```
//Heap Data Member
//Demonstrates an object with a dynamically allocated data member
#include <iostream>
#include <string>
using namespace std;
class Critter
```

```cpp
{
public:
    Critter(const string& name = "", int age = 0);
    Critter();                      //destructor prototype
    Critter(const Critter& c);      //copy constructor prototype
    Critter& Critter::operator=(const Critter& c); //overloaded assignment op
    void Greet() const;
private:
    string* m_pName;
    int m_Age;
};
Critter::Critter(const string& name, int age)
{
    cout << "Constructor called\n";
    m_pName = new string(name);
    m_Age = age;
}
Critter::~Critter()                         //destructor definition
{
    cout << "Destructor called\n";
    delete m_pName;
}
Critter::Critter(const Critter& c)          //copy constructor definition
{
    cout << "Copy Constructor called\n";
    m_pName = new string(*(c.m_pName));
    m_Age = c.m_Age;
}
Critter& Critter::operator=(const Critter& c)  //overloaded assignment op def
{
    cout << "Overloaded Assignment Operator called\n";
    if (this != &c)
    {
        delete m_pName;
        m_pName = new string(*(c.m_pName));
        m_Age = c.m_Age;
    }
    return *this;
}
void Critter::Greet() const
{
    cout << "I'm " << *m_pName << " and I'm " << m_Age << " years old. ";
    cout << "&m_pName: " << &m_pName << endl;
```

```
    }
    void testDestructor();
    void testCopyConstructor(Critter aCopy);
    void testAssignmentOp();
    int main()
    {
        testDestructor();
        cout << endl;
        Critter crit("Poochie", 5);
        crit.Greet();
        testCopyConstructor(crit);
        crit.Greet();
        cout << endl;
        testAssignmentOp();
        return 0;
    }
    void testDestructor()
    {
        Critter toDestroy("Rover", 3);
        toDestroy.Greet();
    }
    void testCopyConstructor(Critter aCopy)
    {
        aCopy.Greet();
    }
    void testAssignmentOp()
    {
        Critter crit1("crit1", 7);
        Critter crit2("crit2", 9);
        crit1 = crit2;
        crit1.Greet();
        crit2.Greet();
        cout << endl;
        Critter crit3("crit", 11);
        crit3 = crit3;
        crit3.Greet();
    }
```

9.4.2 声明指向堆中值的指针数据成员

要声明指向堆中值的数据成员，首先需要声明一个指针数据成员。如 **Critter** 中的下面一行代码所示，它将 **m_pName** 声明为一个指向 string 对象的指针。

```
string* m_pName;
```

在类的构造函数中，可以分配堆中的内存，为内存赋值，以及让指针数据成员指向这块内存。如构造函数定义中的下面一行代码所示，它为一个 string 对象分配了内存，赋予其 name，并让 **m_pName** 指向堆中的这块内存。

```
m_pName = new string(name);
```

程序还声明了一个非指针的数据成员：

```
int m_Age;
```

该数据成员在构造函数中获取其值的方法已经介绍过，如下面一条简单的赋值语句所示：

```
m_Age = age;
```

我们将看到，在 Critter 对象被销毁、复制以及相互赋值时，对这些数据成员做出了不同的处理。

现在，当 main()函数调用 testDestructor()时，第一个在堆中有数据成员的对象被创建出来。对象 toDestroy 有一个 **m_pName** 数据成员，它指向一个存储在堆中的等于"Rover"的 string 对象。图 9.7 形象地描绘了该 Critter 对象。注意，图中的描绘是抽象的，因为实际存储动物名称的是 string 对象，而不是字符串字面值。

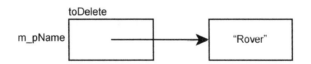

图 9.7　Critter 对象的表示。等于"Rover"的 string 对象存储在堆中

9.4.3　声明与定义析构函数

当对象的数据成员指向堆中的值时，可能产生的问题就是内存泄漏。这是因为当对象被删除时，指向堆中值的指针也随之消失。如果堆中的值还存在，那么将造成内存泄漏。如果要避免内存泄漏，对象应当在销毁之前做好清理工作，删除与之相关的堆中值。幸运的是，有一种称为析构函数的成员函数，它恰好会在对象销毁之前被调用，以便用于执行必要的清理工作。

如果不编写自己的析构函数，则编译器替程序员创建一个默认析构函数，但它并不尝试释放掉任何数据成员可能指向的堆中的内存。对于简单的类而言，这样做通常是没有问题的。但是当类中有数据成员指向堆中值时，则应当编写自己的析构函数，以便能在对象消失之前释放与对象相关的堆中内存，避免内存泄漏。如 Critter 类所示。首先，类的定义中声明了一个析构函数。注意，析构函数由前置的~（波浪号）和类名组成，并且没有参数或返回值。

```
Critter::~Critter()                    //destructor definition
{
    cout << "Destructor called\n";
    delete m_pName;
}
```

main()函数调用 testDestructor()时测试了该析构函数。testDestructor()函数创建了一个 Critter 对象 toDestroy，然后调用其 Greet()方法，显示了"I'm Rover and I'm 3 years old. &m_pName: 73F2ED48003AF644."。通过该消息，可以查看对象的 m_Age 数据成员的值以及 m_pName 数据成员指向的字符串。但是它还显示了存储在指针 m_pName 中的堆中字符串的地址。重点要注意的是，在 Greet()消息显示之后，函数终止，并且 toDestroy 即将被销毁。幸运的是，toDestroy 恰好在销毁之前调用其析构函数。析构函数显示"Destructor called"，然后删除堆中等于"Rover"的 string 对象，完成清理工作，并且没有泄露内存。析构函数没有对 m_Age 数据成员做任何处理。这完全没有问题，因为 m_Age 不在堆中，而是 toDestroy 的一部分，并且会随 Critter 对象的其余部分被妥善地处理。

提示

如果类在堆中分配内存，则应当编写析构函数来清理与释放堆中的内存。

9.4.4 声明与定义拷贝构造函数

对象有时是被自动复制的。自动复制发生在对对象做出以下操作时：

- 通过值传递给函数；
- 从函数返回；
- 通过初始式初始化为另一个对象；
- 作为唯一实参传递给对象的构造函数。

对象的复制是通过一个名为拷贝构造函数的成员函数来完成的。与构造函数和析构函数一样，如果不编写自己的拷贝构造函数，则编译器为程序员提供一个默认拷贝构造函数。默认拷贝构造函数只是简单地将每个数据成员的值复制给新对象中的同名数据成员，即**按**

成员逐项进行复制。

对于简单的类，默认拷贝构造函数通常没有问题。然而，当类中含有指向堆中值的数据成员时，则应当考虑编写自己的拷贝构造函数。为什么？想象一个 Critter 对象，它有一个指针数据成员指向堆中的 string 对象。如果只用默认拷贝构造函数，对象的自动复制将会导致新的对象指向堆中的同一个字符串，因为新对象的指针仅仅获得存储在原始对象的指针中地址的一份副本。这种按成员逐项进行的复制造成了浅拷贝，即副本对象的指针数据成员与原始对象的指针数据成员指向同一内存块。

举一个具体的例子。如果没有在 Heap Data Member 程序中编写自己的拷贝构造函数，那么当通过值传递一个 Critter 对象来调用下面的函数时，程序将自动生成一个 crit 的浅拷贝，名为 aCopy，存在于 testCopyConstructor()中。

```
testCopyConstructor(crit);
```

aCopy 的 m_pName 数据成员将与 crit 的 m_pName 数据成员指向堆中的同一个 string 对象，如图 9.8 所示。注意，图中的描绘是抽象的，因为动物的名称实际上存储为 string 对象，而不是字符串字面值。

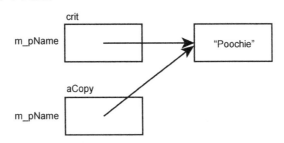

图 9.8　如果对 crit 进行浅拷贝，则 aCopy 和 crit 将各自含有一个数据成员
指向堆中的同一内存块

浅拷贝有什么问题？一旦 testCopyConstructor()函数终止，则 aCopy 的析构函数会被调用，释放掉其 m_pName 数据成员指向的堆中的内存。因此，crit 的 m_pName 数据成员将指向已经被释放掉的内存，即 m_pName 将成为一个野指针！图 9.9 形象地描绘了这一情况。注意，图中的描绘是抽象的，因为动物的名称实际上存储为 string 对象，而不是字符串字面值。

真正需要的是拷贝构造函数能让新生成的对象在堆中拥有自己的内存块，对象中的每个数据成员都指向一个堆中的对象，这就是深拷贝。譬如为 Critter 类定义的拷贝构造函数，它代替了编译器提供的默认拷贝构造函数。首先在类定义中声明拷贝构造函数：

```
Critter(const Critter& c);   //copy constructor prototype
```

接下来，在类定义之外定义拷贝构造函数：

```
Critter::Critter(const Critter& c)        //copy constructor definition
{
    cout << "Copy Constructor called\n";
    m_pName = new string(*(c.m_pName));
    m_Age = c.m_Age;
}
```

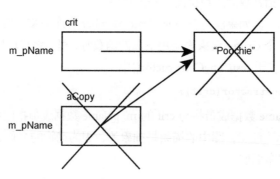

图9.9　如果 Critter 对象的浅拷贝被销毁，则与原始对象共享的堆中内存将被释放。
于是，原始对象将包含一个野指针

正如该拷贝构造函数所示，它们必须使用与类名相同的名称。拷贝构造函数不返回值，但接受一个对类的对象的引用，该对象就是需要复制的对象。引用最好声明为常量引用，以保护原始对象在复制时不被修改。

拷贝构造函数的作用是将原始对象中的任何数据成员复制到副本对象中。如果原始对象的数据成员是指向堆中值的指针，则拷贝构造函数应当向内存堆请求分配内存，然后将原始的堆中的值复制到新的内存块中，最后让恰当的副本对象的数据成员指向新内存。

当通过值传递 crit 调用 testCopyConstructor() 时，编写的拷贝构造函数被自动调用。这一点可以从显示在屏幕上的文本 Copy Constructor called 中判断出来。拷贝构造函数创建了一个新的 Critter 对象（副本），并接受原始对象 c 的引用。通过 m_pName = new string (*(c.m_pName));，拷贝构造函数在堆中分配了一块新的内存，然后获取原始对象指向的字符串的副本，再将其复制到新内存之中，最后将副本对象的数据成员 m_pName 指向新内存。接下来的一行 m_Age = c.m_Age;只是将原始对象的 m_Age 的值复制到副本对象的 m_Age 数据成员之中。这样对 crit 完成了一次深拷贝，并且得到了在 testCopyConstructor() 中使用的 aCopy。

当调用 aCopy 的 Greet() 成员函数时，可以看到拷贝构造函数起了作用。在运行时，成员函数显示了一条消息，其中一部分是 I'm Poochie and I'm 5 years old。这部分消息表明 aCopy 从对象 crit 中正确地获得了一份数据成员值的副本。消息的另一部分&m_pName: 73F2ED48003AF660 则表明，与 crit 的数据成员 m_pName 指向的字符串相比，由 aCopy 的数据成员 m_pName 指向的 string 对象存储在不同的内存块中，而前者的内存地址为 73F2ED48003AF78C，这说明拷贝是深拷贝。记住，此处显示的内存地址可能与程序再次运行时显示的不同。然而关键在于，crit 的 m_pName 与 aCopy 的 m_pName 存储的地址彼此不同。

当 testCopyConstructor()结束时，函数中使用的存储在变量 aCopy 中的 Critter 对象副本被销毁。析构函数释放掉堆中与副本相关的内存块，并且对 main()中的原始 Critter 对象不产生任何影响。结果如图 9.10 所示。注意，图中的描绘是抽象的，因为动物的名称实际上存储为 string 对象，而不是字符串字面值。

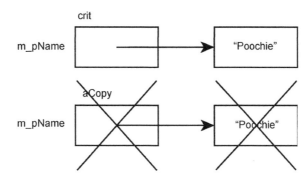

图 9.10　使用正确的拷贝构造函数，原始对象与副本对象各自指向自己在堆中的内存块。随后当副本销毁时，原始对象不受影响

提示

当类的数据成员指向堆中内存时，应当考虑编写拷贝构造函数来为新对象分配内存，实现深拷贝。

9.4.5　赋值运算符的重载

当赋值语句的两侧是同一个类的对象时，将调用类的赋值运算符成员函数。与默认拷贝构造函数一样，如果不编写自己的赋值运算符成员函数，编译器就提供默认的成员函数，而且它只是按成员逐项进行复制操作。

对于简单的类而言，默认赋值运算符通常不会有问题。然而，当类中有数据成员指向堆中的值时，应当考虑重载赋值运算符。如果不这样做，则对象在赋值给另一对象时，只会被浅拷贝。为避免该问题，程序为 Critter 类重载赋值运算符。首先，在类定义中写下如下声明：

```
Critter& Critter::operator=(const Critter& c);  //overloaded assignment op
```

接下来，在类定义之外编写成员函数的定义：

```
Critter& Critter::operator=(const Critter& c)  //overloaded assignment op def
{
    cout << "Overloaded Assignment Operator called\n";
    if (this != &c)
    {
        delete m_pName;
        m_pName = new string(*(c.m_pName));
        m_Age = c.m_Age;
    }
    return *this;
}
```

注意，该成员函数返回一个 Critter 对象的引用。对于健壮的赋值操作而言，则是要从重载的赋值运算符成员函数中返回引用。

main() 调用下面的函数来测试为该类重载的赋值运算符：

```
estAssignmentOp();
```

该函数创建了两个对象，并将其中一个赋值给另一个：

```
Critter crit1("crit1", 7);
Critter crit2("crit2", 9);
crit1 = crit2;
```

上面的赋值语句 crit1 = crit2;，为 crit1 调用了赋值运算符成员函数 operator=()。该函数中，c 是 crit2 的常量引用。函数的目的是将 crit2 的所有数据成员的值赋值给 crit1，并保证每个 Critter 对象的指针数据成员在堆上都有自己的内存块。

在 operator=() 显示一条消息说明重载赋值运算符函数已被调用之后，它使用了 this 指针。什么是 this 指针？它是所有非静态成员函数自动具备的一个指针，指向用于调用该函数的对象。在本例中，this 指向被赋值的对象 crit1。

接下来的一行 if (this != &c) 检查 crit1 的地址是否不等于 crit2 的地址，即检查对象是否没有赋值给自身。因为两个地址不相等，所以 if 语句中的代码块被执行。

在 if 语句块中，语句 delete m_pName; 释放掉了 crit1 的 m_pName 指向的堆中内存。而 m_pName = new string(*(c.m_pName)); 则在堆中分配了新的内存块，然后对 crit2 中的

m_pName指向的字符串进行复制，再将副本复制到新的内存块中，最后将crit1的m_pName指向该内存块。对于所有指向堆中内存的数据成员，都应当遵循这样的逻辑。

代码块的最后一行 **m_Age = c.m_Age;**简单地将 crit2 的 m_Age 的值复制给 crit1 的 m_Age。对于所有不是指向堆中内存的指针的数据成员，应当使用这种简单的按成员逐项进行的复制。

最后，该成员函数通过返回*this 返回新的 crit1 的副本。对于自己编写的重载赋值运算符成员函数，也应当这么做。

回到 testAssignmentOp()中，我们通过调用 crit1.Greet()与 crit2.Greet()来证明完成了赋值操作。crit1 显示消息 I'm crit2 and I'm 9 years old. &m_pName: 73F2ED48003AF644，而 crit2 则显示 I'm crit2 and I'm 9 years old. &m_pName: 73F2ED48003AF634。每条消息的第一部分 I'm crit2 and I'm 9 years old.都相同，表明完成了值的复制。第二部分则不同，表明每个对象都指向堆中不同的内存块，证明避免了浅拷贝，并且实现了赋值之后对象的独立。

在重载赋值运算符的最后一项测试中，我们演示了当对象给自身赋值时的情况，如函数中的下面两行代码所示：

```
Critter crit3("crit", 11);
crit3 = crit3;
```

上面的赋值语句 crit3 = crit3;为 crit3 调用了赋值运算符成员函数 operator=()。if 语句检查 crit3 是否要给自身赋值。因为确实是给自身赋值，该成员函数只是通过 return *this，简单地将对象的引用返回。在编写自己的重载赋值运算符时，应当遵循这样的逻辑，因为当赋值操作只涉及一个对象时，可能导致一些潜在问题。

提示

当类中有数据成员指向堆中的内存时，应当考虑为该类重载赋值运算符。

9.5　Game Lobby 程序简介

Game Lobby 程序模拟了一个游戏大厅，即玩家等待的场所，通常出现于在线游戏中。该程序实际上不涉及在线部分，只是为玩家创建了一个可以等待的队列。程序的用户对其进行模拟，并且有 4 个选择：向大厅添加玩家，从大厅删除玩家（队列中的第一个玩家首先离去），清空大厅和退出模拟程序。程序运行示例如图 9.11 所示。

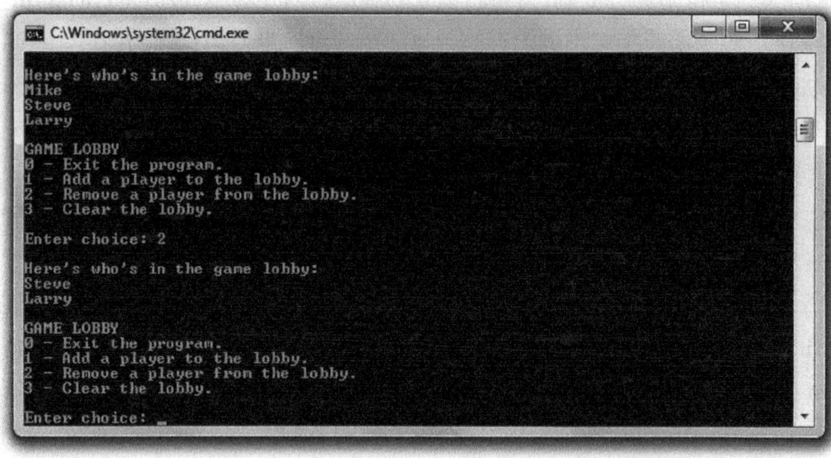

图 9.11　大厅包含的玩家按添加的顺序进行删除

9.5.1　Player 类

程序所做的第一件事情就是创建一个 Player 类，用来表示在游戏大厅中等待的玩家。因为不知道大厅中一次有多少玩家，所以应当使用动态数据结构。正常情况下，我们会使用 STL 中的容器，但是我们决定在这个程序中使用不同的方法，并且使用自己管理的动态分配的内存来创建属于自己的容器类。这么做不是因为这是更好的编程选择，而是因为它是展示动态内存的实际应用的好方法，可以作为一个很好的编程示例。不过在实际中，总是应该寻找看有没有办法利用其他程序员的出色的工作成果，如 STL。

从异步社区网站上可以下载到该程序的代码。程序位于 Chapter 9 文件夹中，文件名为 game_lobby.cpp。程序开头部分如下所示，它包含了 Player 类：

```
//Game Lobby
//Simulates a game lobby where players wait
#include <iostream>
#include <string>
using namespace std;
class Player
{
public:
    Player(const string& name = "");
    string GetName() const;
```

```
    Player* GetNext() const;
    void SetNext(Player* next);
private:
    string m_Name;
    Player* m_pNext; //Pointer to next player in list
};
Player::Player(const string& name):
    m_Name(name),
    m_pNext(0)
{}
string Player::GetName() const
{
    return m_Name;
}
Player* Player::GetNext() const
{
    return m_pNext;
}
void Player::SetNext(Player* next)
{
    m_pNext = next;
}
```

m_Name 数据成员含有玩家的名称。这很明显，但您或许想知道另外一个数据成员 m_pNext 的作用。它是指向 Player 对象的指针，即每个 Player 对象含有一个名称，并指向另一个 Player 对象。在介绍 Lobby 类的时候将介绍它的作用。图 9.12 形象地描绘了 Player 对象。

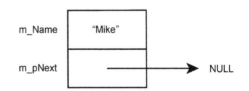

图 9.12　Player 对象含有一个名称，并指向另一个 Player 对象

该类有一个获取 m_Name 的方法，以及获取与设置 m_pNext 的方法。最后，构造函数非常简单。它用传递给它的 string 对象初始化 m_Name，并将 m_pNext 设置为空指针。

9.5.2　Lobby 类

Lobby 类表示大厅或玩家等待的队列。其定义如下：

```
class Lobby
{
    friend ostream& operator<<(ostream& os, const Lobby& aLobby);
public:
```

```
        Lobby();
        ~Lobby();
        void AddPlayer();
        void RemovePlayer();
        void Clear();
    private:
        Player* m_pHead;
    };
```

数据成员 m_pHead 是指向 Player 对象的指针，它表示队列的头部，即队列中的第一个玩家。

因为每个 Player 对象都有 m_pNext 数据成员，于是可以用链表将一些 Player 对象连接起来。链表中的每个元素通常称为节点。图 9.13 形象地描绘了游戏大厅———系列与队列头部的玩家连接起来的玩家节点。

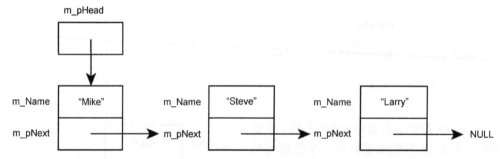

图 9.13　每个节点含有一个名称以及指向链表中下一个玩家的指针。
队列的第一个玩家处于链表头部

可以将玩家节点想象成一组装载货物并连接起来的火车车厢。在本例中，车厢将名称当作货物，并通过指针数据成员 m_pNext 连接。Lobby 类为链表中的每个 Player 对象分配堆中的内存。Lobby 的数据成员 m_pHead 访问链表头的第一个 Player 对象。

构造函数非常简单，它仅仅将数据成员 m_pHead 初始化为空指针。

```
Lobby::Lobby():
    m_pHead(0)
{}
```

析构函数只是调用了 Clear()，从链表中移除所有的 Player 对象，释放分配的内存。

```
Lobby::~Lobby()
{
    Clear();
}
```

AddPlayer()在堆中实例化一个 Player 对象，并将其添加到链表的末尾。RemovePlayer() 移除链表中的第一个 Player 对象，释放其内存。

将函数 operator<<()声明为 Lobby 的友元,以便可以用<<运算符将 Lobby 对象发送给 cout。

陷阱

Lobby 类有一个数据成员 m_pHead 指向堆中的 Player 对象。因此，为了在 Lobby 对象销毁时不造成任何内存泄漏，为 Lobby 类创建了一个析构函数，用于释放所有由 Lobby 对象实例化的 Player 对象在堆中占用的内存。然而，并没有在类中定义拷贝构造函数或重载赋值运算符，因为对于该程序来说这是没有必要的。但如果想有一个更加健壮的 Lobby 类，则要定义这些成员函数。

9.5.3 Lobby::AddPlayer( )成员函数

Lobby::AddPlayer()成员函数将玩家添加至大厅中队列的末尾。

```
void Lobby::AddPlayer()
{
    //create a new player node
    cout << "Please enter the name of the new player: ";
    string name;
    cin >> name;
    Player* pNewPlayer = new Player(name);
    //if list is empty, make head of list this new player
    if (m_pHead == 0)
    {
        m_pHead = pNewPlayer;
    }
    //otherwise find the end of the list and add the player there
    else
    {
        Player* pIter = m_pHead;
        while (pIter->GetNext() != 0)
        {
            pIter = pIter->GetNext();
        }
        pIter->SetNext(pNewPlayer);
    }
}
```

该函数所做的第一件事情是从用户获取新玩家的名称，并用来实例化堆中新的 Player 对象。然后将该对象的指针数据成员设置为空指针。

接下来，函数检测大厅是否为空。如果 Lobby 对象的数据成员 m_pHead 等于 0，则表示队列中没有玩家。如果没有玩家，则新的 Player 对象成为队列的头部，并且 m_pHead 被设置成指向堆中的该 Player 对象。

如果大厅中有玩家，则玩家被添加到队列的末尾。该函数使用 pIter 的 GetNext()成员函数，每次在链表中移动一个节点，直到遇到某个 Player 对象的 GetNext()返回 0，即该对象就是链表中最后一个节点，最终实现将玩家添加到末尾。然后，函数让最后的节点指向堆中新的 Player 对象，效果便是将新对象添加至链表末尾。该过程如图 9.14 所示。

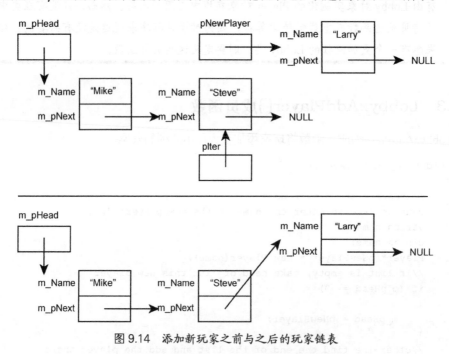

图 9.14　添加新玩家之前与之后的玩家链表

陷阱

Lobby::AddPlayer()每次调用时将整个 Player 对象的链表遍历了一遍。对于较小的链表，这不会有什么问题。但是对于较大的链表，这样低效率的过程则可能变得很笨拙。有一些高效的方法可以完成这个函数的功能。本章的一道习题要求实现这样一种更加高效的方法。

9.5.4　Lobby::RemovePlayer( )成员函数

Lobby::RemovePlayer()成员函数移除队列头部的玩家。

```cpp
void Lobby::RemovePlayer()
{
    if (m_pHead == 0)
    {
        cout << "The game lobby is empty. No one to remove!\n";
    }
    else
    {
        Player* pTemp = m_pHead;
        m_pHead = m_pHead->GetNext();
        delete pTemp;
    }
}
```

该函数对 **m_pHead** 进行检测。如果它等于 **0**，则表示大厅是空的，然后函数显示一条这样的消息。如果不等于 **0**，则移除链表中第一个 Player 对象。函数实现这种功能的方法如下：首先创建一个指向链表中第一个 Player 对象的指针 **pTemp**，然后将 **m_pHead** 指向链表的下一个元素——下一个 Player 对象或 **0**，最后销毁 **pTemp** 指向的 Player 对象。图 9.15 形象地描述了其工作原理。

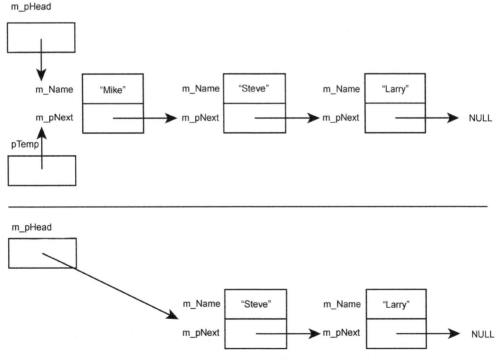

图 9.15　移除某个玩家节点之前与之后的玩家列表

9.5.5　Lobby::Clear( )成员函数

Lobby::Clear()成员函数从大厅中移除所有玩家。

```
void Lobby::Clear()
{
    while (m_pHead != 0)
    {
        RemovePlayer();
    }
}
```

如果链表为空，则函数不进入循环，并随后终止。否则，进入循环，并不断地调用 **RemovePlayer()**来移除链表中的第一个 **Player** 对象，直到链表中不再有 **Player** 对象。

9.5.6　operator<<( )成员函数

operator<<()成员函数重载了<<运算符,因此可以将 Lobby 对象发送给 cout 来进行显示。

```
ostream& operator<<(ostream& os, const Lobby& aLobby)
{
    Player* pIter = aLobby.m_pHead;
    os << "\nHere's who's in the game lobby:\n";
    if (pIter == 0)
    {
        os << "The lobby is empty.\n";
    }
    else
    {
        while (pIter != 0)
        {
            os << pIter->GetName() << endl;
                pIter = pIter->GetNext();
        }
    }
    return os;
}
```

如果大厅是空的，则向输出流发送一条适当的消息；否则，函数通过 **pIter** 遍历链表中所有玩家，将他们的名字发送给输出流。

9.5.7 main()函数

main()函数显示大厅中的玩家,然后向用户展示一个选择菜单,最后执行用户请求的操作。

```
int main()
{
    Lobby myLobby;
    int choice;
    do
    {
        cout << myLobby;
        cout << "\nGAME LOBBY\n";
        cout << "0 - Exit the program.\n";
        cout << "1 - Add a player to the lobby.\n";
        cout << "2 - Remove a player from the lobby.\n";
        cout << "3 - Clear the lobby.\n";
        cout << endl << "Enter choice: ";
        cin >> choice;
        switch (choice)
        {
            case 0: cout << "Good-bye.\n"; break;
            case 1: myLobby.AddPlayer(); break;
            case 2: myLobby.RemovePlayer(); break;
            case 3: myLobby.Clear(); break;
            default: cout << "That was not a valid choice.\n";
        }
    }
    while (choice != 0);
    return 0;
}
```

函数首先实例化一个新的 Lobby 对象,然后进入显示菜单并获取用户选择的循环。随后,它调用与用户选择对应的 Lobby 对象的成员函数。如果用户输入非法选择,则程序向用户反馈输入非法。循环持续运行,直到用户输入 0。

9.6 本章小结

本章介绍了以下概念:

- 聚合体是对象的组合，是对象的包含关系。
- 友元函数拥有对类中任意成员的完全访问权。
- 可以使用运算符重载为内置运算符定义新的含义，使它们可用于自定义类的对象。
- 栈是为程序员自动管理的内存区域，用于局部变量。
- 堆（或自由存储区）是程序员可以用来分配与释放内存的内存区域。
- new 运算符分配堆中的内存，并返回其地址。
- delete 运算符释放已经分配过的堆中的内存。
- 野指针指向非法的内存位置。解引用或删除野指针将导致程序崩溃。
- 内存泄漏是指分配的内存无法访问并且不能释放的错误。如果泄露足够大，程序可能将内存用完，然后崩溃。
- 析构函数是恰好在对象销毁之前调用的成员函数。如果不编写自己的析构函数，则编译器会为程序员提供默认析构函数。
- 拷贝构造函数是在发生对象的自动复制时调用的成员函数。如果不编写自己的拷贝构造函数，则编译器提供类的默认拷贝构造函数。
- 默认拷贝构造函数简单地将每个数据成员的值复制给副本对象的同名数据成员，是按成员逐项进行的复制。
- 按成员逐项进行复制可能导致对象的浅拷贝，这时副本对象的指针数据成员与原始对象的指针数据成员指向相同的内存块。
- 深拷贝是指对象的副本与原始对象没有共享的内存块。
- 如果不编写自己的赋值运算符成员函数，则编译器提供默认的赋值运算符成员函数，它只是提供按成员逐项进行的复制。
- this 指针是所有非静态成员函数自动拥有的指针，它指向用于调用该函数的对象。

9.7　问与答

问：为什么应当使用聚合体?

答：为了用其他对象创建更复杂的对象。

问：什么是组合?

答：它是聚合体的一种形式，其中复合对象负责其成分对象的创建与销毁。组合通常称为是一种"使用"关系。

问：何时应当使用友元函数？

答：在需要让函数可以访问类的非公有成员的时候使用。

问：什么是友元成员函数？

答：它是类中能访问另一个类的所有成员的成员函数。

问：什么是友元类？

答：能访问另一个类中所有成员的类。

问：运算符重载不会造成混淆吗？

答：会。为运算符赋予太多或不直观的含义可能导致代码难以理解。

问：在堆中实例化新对象时会发生什么情况？

答：所有的数据成员将占用堆中的内存，而不是占用栈中的内存。

问：可以通过常量指针访问对象吗？

答：当然可以。但是通过常量指针只能访问常量成员函数。

问：浅拷贝有什么问题？

答：因为浅拷贝共享相同内存块的引用，所以对一个对象的修改会影响到另一个对象。

问：什么是链表？

答：它是由一系列连接起来的节点组成的动态数据结构。

问：链表与向量有何不同？

答：链表允许在其中任意位置插入与删除节点，而不允许像向量那样随机访问。然而，在链表中对节点进行插入与删除要比在向量中对元素进行插入与删除的效率高。

问：STL 中有充当链表的容器类吗？

答：有，list 类。

问：Game Lobby 程序中的数据结构是链表吗？

答：它与链表有些共同点，但实际上是队列。

问：什么是队列？

答：它是一种数据结构，其中元素的移除顺序与它们的添加顺序相同。这一过程通常称为先入先出（FIFO）。

问：STL 中有充当队列的容器吗？

答：有，queue 容器适配器。

9.8　问题讨论

1. 游戏中什么样的实体可用聚合体来创建？
2. 友元函数破坏了 OOP 中的封装吗？
3. 动态内存给游戏程序带来什么好处？
4. 为什么内存泄漏是难以跟踪的错误？
5. 分配堆中内存的对象总应当释放分配的内存吗？

9.9　习题

1. 改进 Game Lobby 程序中的 Lobby 类，编写 Player 类的友元函数，使它允许将 Player 对象发送给 cout。然后，更新允许将 Lobby 对象发送给 cout 的函数，使得它可以使用新的函数来将 Player 对象发送给 cout。

2. Game Lobby 程序中的 Lobby::AddPlayer() 成员函数效率不高，因为它通过遍历全部玩家节点来将新玩家添加至队列末尾。请在 Lobby 类中添加一个 m_pTail 指针数据成员，它总是指向队列中的最后一个玩家节点，并使用它来高效地添加玩家。

3. 下面的代码有什么问题？

```
#include <iostream>
using namespace std;
int main()
{
    int* pScore = new int;
    *pScore = 500;
    pScore = new int(1000);
    delete pScore;
    pScore = 0;
    return 0;
}
```

第 **10** 章
继承与多态：Blackjack

　　类是表示具有属性与行为的游戏实体的绝佳方法，但是游戏实体经常是相互关联的。本章将介绍继承与多态，它们用来表现这种关联，并让类的定义与使用更加简单和直观。具体而言，本章内容如下：

- 从一个类派生另一个类；
- 使用继承的数据成员与成员函数；
- 重写基类的成员函数；
- 定义虚函数来实现多态；
- 声明纯虚函数来定义抽象类。

10.1　继承简介

　　OOP 的关键元素之一是继承。继承允许从一个已有类派生出一个新类。当派生出新类时，新类自动继承（或获得）已有类的数据成员与成员函数。这就如同免费得到已有类的功能一样!

　　当需要创建已有类的一个更具针对性的版本时，继承特别有用，因为可以向新的类中添加数据成员与成员函数来对其进行扩展。例如，想象有一个类 Enemy 定义了游戏中的敌人，它具有成员函数 Attack() 与数据成员 m_Damage。我们可以从 Enemy 为敌人的首领派生出一个新类 Boss。即不需要编写任何代码，Boss 便能自动拥有 Attack() 与 m_Damage。然后，要让首领更加厉害，可以为 Boss 类添加一个成员函数 SpecialAttack() 与一个数据成员 DamageMultiplier。Enemy 与 Boss 类之间的关系如图 10.1 所示。

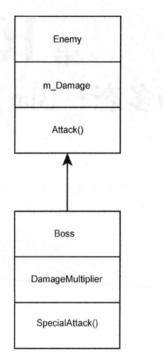

图 10.1 Boss 从 Enemy 继承了 Attack()与 m_Damage，
并同时定义了 SpecialAttack()与 m_DamageMultiplier

继承的许多优点之一是可以对已编写的类进行重用。可重用性有以下好处：

■ **减少工作量**。对已有功能没有必要重新进行定义。一旦有某个类为其他类提供基本功能，则不必再次编写该功能的代码。

■ **减少错误**。一旦有了某个无 bug 的类，便可以无错误地对其重用。

■ **使代码更加清晰**。因为基类的功能在程序中只存在一次，所以不必重复地编写相同的代码，这让程序更易于理解与修改。

大多数相关的游戏实体都需要继承。无论它是玩家要面对的一系列敌人，还是玩家指挥的装甲车部队，或是玩家使用的武器库，对于每个游戏实体而言，都可以使用继承来定义。这样使编程更加快速与简单。

10.1.1 Simple Boss 程序简介

Simple Boss 程序演示了继承。程序中定义了一个低等级的敌人 Enemy，并从该类派生出一个新类 Boss，就是玩家要面对的更加厉害的首领。然后，程序实例化一个 Enemy 对象，并调用其 Attack()成员函数，并在接下来实例化了一个 Boss 对象。对于 Boss 对象，可以调用 Attack()，因为它从 Enemy 继承了该成员函数。最后，程序调用了 Boss 对象的 SpecialAttack()成员函数，它定义在 Boss 中，用于特殊攻击。因为 SpecialAttack()定义在 Boss 中，所以只有 Boss 对象能访问。Enemy 对象没有特殊攻击可以使用。程序的结果如图 10.2 所示。

从异步社区网站上可以下载该程序的代码。程序位于 Chapter 10 文件夹中，文件名为 simple_boss.cpp。

```
//Simple Boss
//Demonstrates inheritance
```

```cpp
#include <iostream>
using namespace std;
class Enemy
{
public:
    int m_Damage;
    Enemy();
    void Attack() const;
};
Enemy::Enemy():
    m_Damage(10)
{}
void Enemy::Attack() const
{
    cout << "Attack inflicts " << m_Damage << " damage points!\n";
}
class Boss : public Enemy
{
public:
    int m_DamageMultiplier;
    Boss();
    void SpecialAttack() const;
};
Boss::Boss():
    m_DamageMultiplier(3)
{}
void Boss::SpecialAttack() const
{
    cout << "Special Attack inflicts " << (m_DamageMultiplier * m_Damage);
    cout << " damage points!\n";
}
int main()
{
    cout << "Creating an enemy.\n";
    Enemy enemy1;
    enemy1.Attack();
    cout << "\nCreating a boss.\n";
    Boss boss1;
    boss1.Attack();
    boss1.SpecialAttack();
    return 0;
}
```

图 10.2　Boss 类继承了 Attack()成员函数，并定义了自己的 SpecialAttack()成员函数

10.1.2　从基类派生

在用下面一行代码定义 Boss 时，程序从 Enemy 派生出 Boss 类：

```
class Boss : public Enemy
```

Boss 是基于 Enemy 的。实际上，Enemy 称为基类（或超类），Boss 称为派生类（或子类）。也就是说，Boss 继承了 Enemy 的数据成员与成员函数，并且受限于访问控制权。在此处，Boss 继承了 Enemy，并能直接访问 m_Damage 与 Attack()，就如同在 Boss 中定义了 m_Damage 与 Attack()一样。

提示

> 您可能已经注意到程序将类的所有成员声明为公有，包括数据成员。其原因在于，对于基类与派生类的第一个例子而言，这样做最简单。您可能还注意到在从 Enemy 派生 Boss 时使用了关键字 public。请暂时忽略它。在接下来的例程 Simple Boss 2.0 中，我们将对其进行介绍。

要派生自己的类，请参照给出的例子。在类定义的类名之后，输入冒号和访问修饰符（如 public），然后便是基类的名称。从派生类派生新类是完全可行的，并且这样做有时是非常合乎情理的。然而，为了让事情保持简单，本例只处理一层继承。

实际上，基类的一些成员函数并没有被派生类继承。它们是：

- 构造函数；
- 拷贝构造函数；
- 析构函数；
- 重载的赋值运算符。

在派生类中必须自己编写这些函数。

10.1.3 从派生类实例化对象

main()实例化了一个 Enemy 对象，然后调用其 Attack()成员函数，这符合预期。程序从接下来 Boss 对象的实例化开始变得有趣起来：

```
Boss boss1;
```

运行这一行代码之后，便有了一个 Boss 对象，它的 m_Damage 数据成员等于 10，m_DamageMultiplier 数据成员等于 3。为什么会这样？尽管没有从基类中将构造函数与析构函数继承过来，但还是要在实例的创建或销毁时调用它们。实际上，基类的构造函数在派生类的构造函数之前被调用，来创建最终对象中基类的那一部分。

在本例中，当实例化 Boss 对象时，默认的 Enemy 构造函数被自动调用，对象获得值为 10 的 m_Damage 数据成员（正如任何 Enemy 对象那样）。然后调用 Boss 的构造函数，将值 3 赋给其 m_DamageMultiplier 数据成员来完成对象的实例化。当 Boss 对象在程序末尾销毁时，执行相反的过程。首先，为对象调用 Boss 类的析构函数，然后调用 Enemy 类的析构函数。因为程序中没有定义析构函数，所以在 Boss 对象不复存在之前，没有什么特别的事情发生。

提示

为派生类对象调用基类的析构函数，这保证了每个类都有机会清除其需要处理的对象部分，如堆中内存。

10.1.4 使用继承成员

接下来，程序调用 Boss 对象的继承成员函数，它显示与 enemy1.Attack()同样的消息。

```
boss1.Attack();
```

这是完全合乎情理的，因为执行的是同样的代码，并且两个对象的 **rn_Damage** 数据成员都等于 10。注意，函数调用看似和 enemy1 一样。Boss 从 Enemy 继承成员函数这个事实对于函数如何调用没有任何影响。

接下来，Boss 使用了它的特殊攻击，显示了消息 Special Attack inflicts 30 damage points!。

```
boss1.SpecialAttack();
```

要注意的是，作为 Boss 的一部分声明的 SpecialAttack()使用了 Enemy 中声明的数据成员 m_Damage。这没有任何问题。Boss 从 Enemy 中继承了 m_Damage，并且在本例中，该数据成员与 Boss 类中的其他数据成员一样可以使用。

10.2   继承访问权的控制

当从一个类派生新类时，可以控制派生类访问基类成员的权限。我们只希望为程序的其他部分提供类中成员的必要的访问权，同样的道理，也只希望为派生类提供基类成员的必要的访问权。通过使用以前见过的同样的访问修饰符 public、protected 与 private（实际上，之前没有介绍 protected，但稍后将在 10.2.2 节中介绍它）来控制访问权，这并非巧合。

10.2.1   Simple Boss 2.0 程序简介

Simple Boss 2.0 程序是本章之前的 Simple Boss 程序的另一个版本。对于用户而言，新版本与旧版本一模一样，但是其中的代码有些不同，因为新版本对基类成员做了一些限制。如果想看看该程序做了些什么，请参照之前的图 10.2。

从异步社区网站上可以下载该程序的代码。程序位于 Chapter 10 文件夹中，文件名为 simple_boss2.cpp。

```
//Simple Boss 2.0
//Demonstrates access control under inheritance
#include <iostream>
using namespace std;
class Enemy
{
```

```cpp
public:
    Enemy();
    void Attack() const;
protected:
    int m_Damage;
};
Enemy::Enemy():
    m_Damage(10)
{}
void Enemy::Attack() const
{
    cout << "Attack inflicts " << m_Damage << " damage points!\n";
}
class Boss : public Enemy
{
public:
    Boss();
    void SpecialAttack() const;
private:
    int m_DamageMultiplier;
};
Boss::Boss():
    m_DamageMultiplier(3)
{}
void Boss::SpecialAttack() const
{
    cout << "Special Attack inflicts " << (m_DamageMultiplier * m_Damage);
    cout << " damage points!\n";
}
int main()
{
    cout << "Creating an enemy.\n";
    Enemy enemy1;
    enemy1.Attack();
    cout << "\nCreating a boss.\n";
    Boss boss1;
    boss1.Attack();
    boss1.SpecialAttack();
    return 0;
}
```

10.2.2　对类成员使用访问修饰符

之前已经介绍对类成员使用的访问修饰符 public 和 private，但还有第三个可以对类成员使用的修饰符——protected。Enemy 的数据成员使用了该修饰符：

```
protected:
    int m_Damage;
```

除非是在继承的情况下，否则被指定为 **protected** 的成员不能在类外部访问。下面复习一下，有 3 种级别的成员访问权：

- `public` 成员可以被程序中的所有代码访问。
- `protected` 成员只能被本类与特定派生类访问，这取决于继承的访问级别。
- `private` 成员只能被本类访问，即它们不能被任何派生类直接访问。

10.2.3　使用访问修饰符修饰派生类

在从一个已有类派生新类时，可以使用访问修饰符，如在派生 Boss 时使用的 **public**。

```
class Boss : public Enemy
```

使用公有派生的含义是，基类中的公有成员成为派生类中的公有成员，保护成员成为保护成员，私有成员成为私有成员。

技巧

即使基类成员是私有的，仍然可以通过基类成员函数间接使用它们。

如果基类有访问器成员函数，甚至还可以获取以及设置它们的值。

因为 Boss 使用关键字 public 从 Enemy 继承而来，所以 Boss 继承 Enemy 的公有成员函数作为自己的公有成员函数。另外，它还继承 m_Damage 作为自己的保护数据成员。本质上而言，这就如同将 Enemy 类成员的代码简单地复制并粘贴到 Boss 定义中。但是通过继承，我们不需要做这样的操作。结果便是 Boss 类可以访问 Attack() 与 m_Damage()。

提示

可以用关键字 protected 与 private 来派生新类，但它们并不常用，而且不在本书的讨论范围之内。

10.3 调用与重写基类成员函数

并不一定要局限于从基类继承到派生类中的成员函数。我们可以在派生类中定制这些成员函数的功能。可以在派生类中对这些成员函数重新定义来实现重写，也可以在派生类的任意成员函数中显式地调用基类的成员函数。

10.3.1 Overriding Boss 程序简介

Overriding Boss 程序演示了在派生类中调用与重写基类成员函数。它创建了一个嘲讽并随后攻击玩家的敌人。接下来，程序从派生类创建了一个敌人首领。首领同样嘲讽与攻击玩家，但有趣的是，对于首领（比一般敌人要傲慢）而言，继承过来的嘲讽与攻击的行为有变化。这些变化是通过函数重写与基类成员函数的调用来实现的。程序的结果如图 10.3 所示。

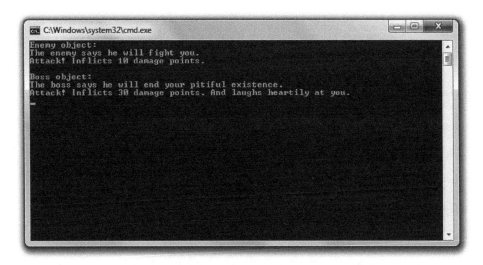

图 10.3 Boss 类继承并重写了基类的成员函数 Taunt() 与 Attack()，
为这两个函数实现了新的行为

从异步社区网站上可以下载到该程序的代码。程序位于 **Chapter 10** 文件夹中，文件名为 overriding_boss.cpp。

```cpp
//Overriding Boss
//Demonstrates calling and overriding base member functions
#include <iostream>
using namespace std;
class Enemy
{
public:
    Enemy(int damage = 10);
    void virtual Taunt() const;   //made virtual to be overridden
    void virtual Attack() const;  //made virtual to be overridden
private:
    int m_Damage;
};
Enemy::Enemy(int damage):
    m_Damage(damage)
{}
void Enemy::Taunt() const
{
    cout << "The enemy says he will fight you.\n";
}
void Enemy::Attack() const
{
    cout << "Attack! Inflicts " << m_Damage << " damage points.";
}
class Boss : public Enemy
{
public:
    Boss(int damage = 30);
    void virtual Taunt() const;   //optional use of keyword virtual
    void virtual Attack() const;  //optional use of keyword virtual
};
Boss::Boss(int damage):
    Enemy(damage)                 //call base class constructor with argument
{}

void Boss::Taunt() const       //override base class member function
{
    cout << "The boss says he will end your pitiful existence.\n";
```

```
}
void Boss::Attack() const     //override base class member function
{
    Enemy::Attack();          //call base class member function
    cout << " And laughs heartily at you.\n";
}
int main()
{
    cout << "Enemy object:\n";
    Enemy anEnemy;
    anEnemy.Taunt();
    anEnemy.Attack();
    cout << "\n\nBoss object:\n";
    Boss aBoss;
    aBoss.Taunt();
    aBoss.Attack();
    return 0;
}
```

10.3.2 调用基类构造函数

如程序的代码所示，在实例化派生类的对象时，自动调用基类的构造函数，但也可以从派生类的构造函数中显式地调用基类构造函数。显式调用的语法与成员初始式非常相似。在派生类的构造函数中调用基类构造函数的方法是，在派生类构造函数参数列表之后，输入一个冒号与基类的名称，然后是一对括号其中包含调用基类构造函数所需的任何参数。Boss 构造函数便是如此，它显式地调用 Enemy 构造函数，并将 damage 传递给它。

```
Boss::Boss(int damage):
    Enemy(damage)             //call base class constructor with argument
{}
```

这允许我们将要赋值给 m_Damage 的值传递给 Enemy 的构造函数，而不是只接受默认值。

在 main() 第一次实例化 aBoss 对象时，调用了 Enemy 的构造函数，传递值 30，并将其赋值给 m_Damage。然后，执行 Boss 的构造函数（它没有执行任何操作），最后该对象就完成了。

提示

在需要向基类构造函数传递特定值时，能够调用它是非常有用的。

10.3.3 声明虚基类成员函数

对于任何继承的基类成员函数，如果期望在派生类中对其重写，则应当使用关键字 virtual 将其声明为虚函数。在将一个成员函数声明为虚函数时，这为成员函数的重写版本提供了一种方法，使得成员函数能如预期的那样用于对象的指针与引用。因为要在派生类 Boss 中重写 Taunt()，于是在基类 Enemy 中将 Taunt()声明为虚函数：

```
void virtual Taunt() const;      //made virtual to be overridden
```

提示

尽管可以重写非虚成员函数，但这可能导致意外行为。一个较好的准则是将任何要重写的基类成员函数声明为虚函数。

在 Enemy 类定义之外定义了 Taunt()：

```
void Enemy::Taunt() const
{
    cout << "The enemy says he will fight you.\n";
}
```

注意，定义中没有使用关键字 virtual。在成员函数定义中不使用 virtual 关键字，只在其声明中使用。

一旦成员函数被声明为虚函数，它在任何派生类中都是虚函数。也就是说，在重写一个虚成员函数时，不必在声明中使用关键字 virtual。但无论如何还是应当使用该关键字，因为这将提醒我们该函数实际上是个虚函数。因此，在 Boss 中重写 Taunt()时，尽管不必要，但还是显式地将其声明为虚函数：

```
void virtual Taunt() const;   //optional use of keyword virtual
```

10.3.4 重写虚基类成员函数

重写的下一步是在派生类中重新定义成员函数，如 Boss 类中的以下代码所示：

```
void Boss::Taunt() const    //override base class member function
{
    cout << "The boss says he will end your pitiful existence.\n";
}
```

在通过任意 Boss 对象调用成员函数时，执行新的定义。它替换了所有 Boss 对象中从 Enemy 继承过来的 Taunt()的定义。在 main()中使用下面一行代码调用该成员函数时，显示消息 The boss says he will end your pitiful existence.。

```
        aBoss.Taunt();
```

需要在派生类中修改或扩展基类成员函数的行为时，重写成员函数非常有用。

陷阱

不要混淆函数重写与函数重载。成员函数的重写是指在派生类中提供函数新的定义。函数重载是指用不同签名创建函数的多个版本。

陷阱

在重写一个基类的重载成员函数时，基类成员函数的所有重载版本都会被覆盖掉，意味着访问其他版本的成员函数的唯一方式是显式地调用基类成员函数。因此，如果要重写重载成员函数，最好重写重载函数的每个版本。

10.3.5　调用基类成员函数

可以在派生类的任意函数中直接调用基类的成员函数，所要做的只是将类名和域解析运算符作为成员函数名的前缀，如 Boss 类中重写版本的 Attack()定义所示：

```
void Boss::Attack() const      //override base class member function
{
  Enemy::Attack();             //call base class member function
  cout << " And laughs heartily at you.\n";
}
```

Enemy::Attack();显式地调用了 Enemy 的 Attack()成员函数。因为 Boss 中的 Attack()定义是该类继承版本的重写，所以就好像是对首领攻击的定义进行了扩展一样。本质上而言，当首领攻击时，它首先做出与一般敌人一样的事情，然后再嘲讽玩家。当在 main()中用下面一行代码调用 Boss 对象的该成员函数时，Boss 的 Attack()成员函数会被调用，因为程序对它进行了重写。

Boss aBoss Attack();的 Attack()成员函数所做的第一件事情是显式地调用 Enemy 的 Attack()成员函数，显示消息 Attack! Inflicts 30 damage points.，然后 Boss 的成员函数显示消息 And laughs hearily at you。

陷阱

重写基类方法，然后在派生类的新定义中显式地调用该基类成员函数，并添加一些新的功能，这样可以在派生类中扩展基类成员函数的工作方式。

10.4　在派生类中使用重载赋值运算符与拷贝构造函数

前面已经介绍过为类编写重载赋值运算符以及拷贝构造函数的方法。然而，为派生类编写这些函数还需要一些工作，因为它们不会从基类继承过来。

在派生类中重载赋值运算符时，通常需要调用基类中的赋值运算符成员函数，方法是使用基类名称作为前缀显式调用。如果 Boss 是从 Enemy 继承而来，那么 Boss 中定义的重载赋值运算符成员函数可以这样开始：

```
Boss& operator=(const Boss& b)
{
    Enemy::operator=(b);    //handles the data members inherited from Enemy
    //now take care of data members defined in Boss
```

对 Enemy 的赋值运算符成员函数的显式调用处理的是从 Enemy 中继承过来的数据成员。该成员函数的余下部分将处理 Boss 中定义的数据成员。

同样，对于拷贝构造函数而言，通常需要调用基类的拷贝构造函数，调用方法和任何基类构造函数一样。如果 Boss 是从 Enemy 继承过来的，那么 Boss 中定义的拷贝构造函数可以这样开始：

```
Boss(const Boss& b) : Enemy(b)    //handles the data members inherited from Enemy
{
    //now take care of data members defined in Boss
```

通过使用 Enemy(b)调用 Enemy 的拷贝构造函数，我们将 Enemy 的数据成员复制到新 Boss 对象中。在该拷贝构造函数的余下部分中，我们可以将 Boss 中声明的数据成员复制到新对象中。

10.5　多态简介

OOP 的基础之一是多态，它是指视调用成员函数的对象的类型而定，成员函数可以产生不同的结果。例如，假设有玩家要面对的一群坏人，这群坏人由不同类型的对象构成，对象通过继承关系相关联，如敌人和敌人的首领。通过多态的作用，我们可以调用这群坏人中每个人的相同成员函数，如攻击玩家，每个对象的类型将决定具体的结果。普通敌人对象的函数调用可以导致某种结果，如轻微的攻击，而敌人首领对象的函数调用则可以导致不同结果，如猛烈的攻击。这看起来或许与函数重写很类似，但是多态与重写不同，因为使用多态时函数调用的结果是动态的，是在运行时根据对象类型决定的。但是理解多态的最好方法不是理论解释，而是具体例子。

10.5.1 Polymorphic Bad Guy 程序简介

Polymorphic Bad Guy 程序演示了实现多态行为的方法。它展示了在使用基类指针调用继承的虚成员函数时发生的情况，还展示了使用虚析构函数来确保为基类指针指向的对象调用正确的析构函数。程序的结果如图 10.4 所示。

图 10.4　通过多态来正确调用由基类指针指向的对象的成员函数和析构函数

从异步社区网站上可以下载到该程序的代码。程序位于 Chapter 10 文件夹中，文件名为 polymorphic_bad_guy.cpp。

```cpp
//Polymorphic Bad Guy
//Demonstrates calling member functions dynamically
#include <iostream>
using namespace std;
class Enemy
```

```cpp
{
public:
    Enemy(int damage = 10);
    virtual ~Enemy();
    void virtual Attack() const;
protected:
    int* m_pDamage;
};
Enemy::Enemy(int damage)
{
    m_pDamage = new int(damage);
}
Enemy::~Enemy()
{
    cout << "In Enemy destructor, deleting m_pDamage.\n";
    delete m_pDamage;
    m_pDamage = 0;
}
void Enemy::Attack() const
{
    cout << "An enemy attacks and inflicts " << *m_pDamage << " damage points.";
}
class Boss : public Enemy
{
public:
    Boss(int multiplier = 3);
    virtual ~Boss();
    void virtual Attack() const;
protected:
    int* m_pMultiplier;
};
Boss::Boss(int multiplier)
{
    m_pMultiplier = new int(multiplier);
}
Boss::~Boss()
{
    cout << "In Boss destructor, deleting m_pMultiplier.\n";
    delete m_pMultiplier;
    m_pMultiplier = 0;
}
void Boss::Attack() const
{
```

```
        cout << "A boss attacks and inflicts " << (*m_pDamage) * (*m_pMultiplier)
            << " damage points.";
}
int main()
{
        cout << "Calling Attack() on Boss object through pointer to Enemy:\n";
        Enemy* pBadGuy = new Boss();
        pBadGuy->Attack();
        cout << "\n\nDeleting pointer to Enemy:\n";
        delete pBadGuy;
        pBadGuy = 0;
        return 0;
}
```

10.5.2 使用基类指针指向派生类对象

派生类的对象同样是属于基类的。例如，在 Polymorphic Bad Guy 程序中，Boss 对象也是 Enemy 对象。这很有道理，因为首领实际上只是特定种类的敌人，而且 Boss 对象还包含了 Enemy 对象的所有成员。因为派生类的对象同样属于基类，所以这意味着可以使用基类指针来指向派生类的对象。如 main()函数中下面一行代码所示，它在堆中实例化了一个 Boss 对象，并创建了一个指向该对象的 Enemy 指针 pBadGuy。

```
        Enemy* pBadGuy = new Boss();
```

到底为什么需要这么做？这很有用，因为它允许在处理对象时无需知晓其确切类型。例如，一个接受 Enemy 指针的函数能处理 Enemy 或 Boss 对象。该函数无须知晓传递给它的对象的确切类型，并能够根据对象类型产生不同结果，只要派生的成员函数被声明为虚函数即可。因为 Attack()是虚函数，所以调用的是正确版本的成员函数（基于对象的类型），而不会被指针的类型所限定。

在 main()函数中，我们证明了程序的行为是多态的。记住，pBadGuy 是指向 Boss 对象的 Enemy 指针。所以，下面一行代码通过 Enemy 指针调用 Boss 对象的 Attack()成员函数，这样正确地调用了 Boss 中定义的 Attack()成员函数，并在屏幕显示文本 Aboss attacks and inflicts 30 damage points.。

```
        pBadGuy->Attack();
```

提示

虚函数通过引用和指针来产生多态行为。

陷阱

> 如果在派生类中重写非虚成员函数，并且通过基类指针调用派生类对象的该成员函数，则将得到基类成员函数产生的结果，而不是派生类成员函数的定义产生的结果。举一个容易理解的例子。如果在 Polymorphic Bad Guy.程序中没有将 Attack()声明为虚函数，则在使用 pBadGuy−>Attack();通过指向 Boss 对象的 Enemy 指针调用该成员函数时，将得到消息 An enemy attacks and inflicts 10 damage points..。这是由前期捆绑造成的，成员函数的具体捆绑对象由指针类型决定，在此处是 Enemy。但是因为 Attack()被声明为虚函数，所以该成员函数的调用取决于运行时指针指向对象的类型，在此处是 Boss，而不是由指针类型限定。这种多态行为是由后期捆绑造成的，因为 Attack()是虚函数。这个例子的意义是：我们只应当重写虚成员函数。

陷阱

> 虚函数带来的好处不是无条件的，它会降低性能。因此，应当只在需要的时候使用虚函数。

10.5.3 定义虚析构函数

在使用基类指针指向派生类对象时，存在一个潜在问题：在删除指针时，只有对象的基类析构函数会被调用。这可能导致灾难性后果，因为派生类的析构函数可能需要释放内存（如 Boss 的析构函数那样）。您可能已经猜到了解决方案，那就是将基类的析构函数声明为虚函数。这样，派生类析构函数的调用会导致基类析构函数的调用，使得每个类都有清理内存的机会。

将 Enemy 的析构函数声明为虚函数就是遵循了这一原理：

```
virtual ~Enemy();
```

当 main()函数用下面一行代码删除指向 Boss 对象的指针时，Boss 对象的析构函数被调用，它释放掉 m_pDamageMultiplier 指向的堆中的内存，并显示消息 In Boss destructor, deleting m_pMultiplier.。

```
delete pBadGuy;
```

随后调用 Enemy 的析构函数，它释放掉 m_pDamage 指向的堆中内存，并显示消息. In Enemy destructor, deleting m_pDamage.。最后，对象被销毁，所有与对象有关的内存都被释放。

10.6 使用抽象类

有时需要定义一个类来作为其他类的基类,但是用这个基类实例化对象没有意义,因为该类太通用了。例如,假设有某个游戏,其中有一群不同种类的生物。尽管有各种不同种类的生物,但它们都有两个共同点:它们有生命值,并能发出问候。所以,我们定义一个基类 Creature 来派生其他类,如 Pixie、Dragon 和 Orc 等。尽管 Creature 有其作用,但用它来实例化对象实在是毫无意义。如果有某种方式可以指示 Creature 只作为基类而不用于实例化对象,那这种方法真是太有用了。C++允许程序员定义像这样的类,并称之为抽象类。

10.6.1 Abstract Creature 程序简介

Abstract Creature 程序演示了抽象类。程序定义了一个抽象类 Creature,用来作为特定生物类的基类。程序定义了一个特定生物类 Orc,随后实例化了一个 Orc 对象,并调用两个成员函数,其中一个让半兽人发出问候,另一个显示其生命值。程序的结果如图 10.5 所示。

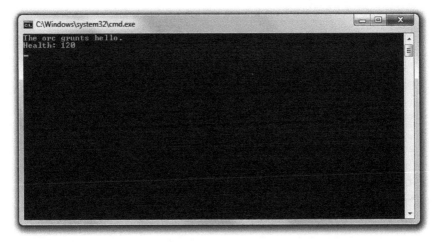

图 10.5　该半兽人是从所有生物的抽象类派生的类实例化出来的对象

从异步社区的网站上可以下载到该程序的代码。程序位于 **Chapter 10** 文件夹中，文件名为 **abstract_creature.cpp**。

```cpp
//Abstract Creature
//Demonstrates abstract classes
#include <iostream>
using namespace std;
class Creature     //abstract class
{
public:
    Creature(int health = 100);
    virtual void Greet() const = 0;     //pure virtual member function
    virtual void DisplayHealth() const;
protected:
    int m_Health;
};
Creature::Creature(int health):
    m_Health(health)
{}
void Creature::DisplayHealth() const
{
    cout << "Health: " << m_Health << endl;
}
class Orc : public Creature
{
public:
    Orc(int health = 120);
    virtual void Greet() const;
};
Orc::Orc(int health):
    Creature(health)
{}
void Orc::Greet() const
{
    cout << "The orc grunts hello.\n";
}
int main()
{
    Creature* pCreature = new Orc();
    pCreature->Greet();
    pCreature->DisplayHealth();
    return 0;
}
```

10.6.2 声明纯虚函数

纯虚函数是指不需要定义的函数。需要纯虚函数的原因是对于类中的成员函数可能没有合适的定义。例如，定义 Creature 类中的 Greet()函数就没有意义，因为具体的问候实际上取决于特定的生物类型——小精灵发光，龙喷出浓烟，半兽人则咕哝作响。

指定函数为纯虚函数的方法是，在函数头之后加上一个等于符号与数字 0。Creature 类中的下面代码就是如此：

```
virtual void Greet() const = 0;   //pure virtual member function
```

当类包含至少一个纯虚函数时，该类为抽象类。因此，Creature 是抽象类。它可以作为其他类的基类，但是无法用来实例化对象。

抽象类可以有数据成员与不是纯虚函数的虚函数。Creature 类中声明了一个数据成员 m_Health 与一个虚成员函数 DisplayHealth()。

10.6.3 从抽象类派生类

当从抽象类派生新类时，可以重写其纯虚函数。如果重写基类的所有纯虚函数，则新类不是抽象类，可以用来实例化对象。当从 Creature 类派生 Orc 类时，下面几行代码重写了 Creature 的唯一一个纯虚函数：

```
void Orc::Greet() const
{
    cout << "The orc grunts hello.\n";
}
```

也就是说，我们可以用 Orc 实例化对象，如 main()中的下面一行代码所示：

```
Creature* pCreature = new Orc();
```

这段代码在堆中实例化了一个新的 Orc 对象，并将该对象的内存位置赋值给 Creature 的指针 pCreature。尽管无法从 Creature 实例化对象，但是使用该类声明指针是完全合法的。与所有的基类指针一样，指向 Creature 的指针可以指向其派生类（如 Orc）的任意对象。

```
pCreature->Greet();
```

程序显示了正确的问候语 "The orc grunts hello."。

最后，程序调用 Creature 类中定义的 DisplayHealth()：

```
pCreature->DisplayHealth();
```

同样显示了正确的消息 Health: 120。

10.7　Blackjack 游戏简介

本章最后的游戏项目是简化版的牌类赌博游戏 Blackjack。游戏玩法如下：向玩家发有点数的扑克牌，每个玩家尝试让牌的点数总和接近 21，但不能超过 21。数字牌的点数就是它们的牌面值。A 的点数为 1 或 11（由玩家决定），J、Q 和 K 的点数都为 10。

计算机是庄家（赌场），它与 1~7 个玩家竞赛。游戏开始时，向所有参与者（包括赌场）分发两张扑克牌。玩家可以看到他们的牌以及点数总和。然而，庄家有一张牌暂时不可见。

接下来，每个玩家只要愿意，每次都有机会添加一张牌。如果玩家点数总和超过 21，则玩家失败。当所有玩家选择是否添加新牌之后，庄家亮出隐藏的牌。如果庄家的点数总和小于或等于 16，庄家必须添加新牌。如果庄家点数超过 21 点，则点数没有超过 21 点的所有玩家胜出；否则比较庄家总点数与剩下玩家的总点数。如果某个玩家的点数大于庄家点数，则他获胜；反之则失败。如果两个点数相同，则玩家与庄家打成平手。游戏如图 10.6 所示。

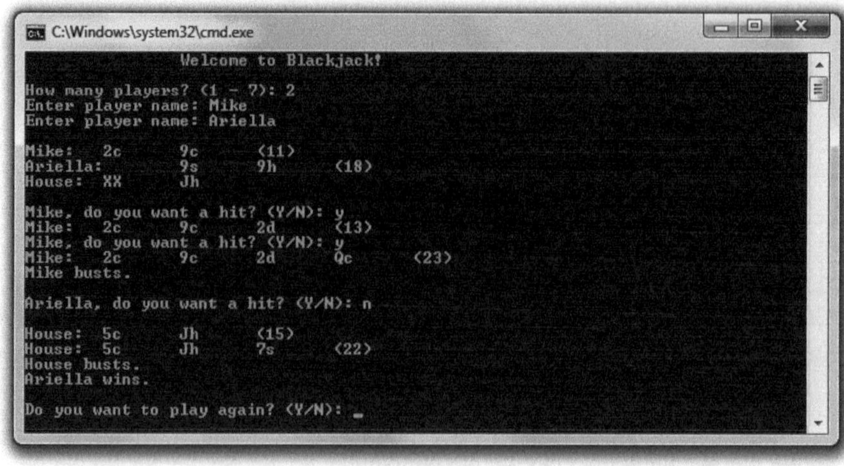

图 10.6　有一个玩家获胜，另一个则没那么幸运

10.7.1 类的设计

在编写包含多个类的项目的代码之前，在稿纸上对它们进行设计是很有用处的。我们或许会创建一个列表和每个类的简要描述。表 10.1 给出了 Blackjack 游戏中类列表的第一个版本。

表 10.1 Blackjack 游戏的类

类	基 类	描 述
Card	无	Blackjack 游戏牌
Hand	无	玩家所持的牌。Card 对象的集合
Deck	Hand	牌堆。该类具备 Hand 类不具备的额外功能，如洗牌与发牌
GenericPlayer	Hand	一般的 Blackjack 玩家。它不是一个完整的玩家，但是包含人类玩家与计算机玩家共有的元素
Player	GenericPlayer	人类 Blackjack 玩家
House	GenericPlayer	计算机玩家，庄家
Game	无	Blackjack 游戏

为了让事情保持简单，所有成员函数都是公有的，所有数据成员都是受保护的。而且，程序只使用公有继承，让派生类继承基类的所有成员。

除了用语言对类进行描述，绘制"家族树"也有助于表现类之间的关系，如图 10.7 所示。

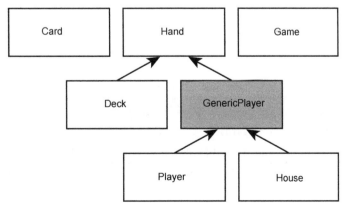

图 10.7 Blackjack 游戏中类的继承层次。GenericPlayer 加上阴影，表示它是抽象类

接下来最好让类更加具体，想想这些类到底要表示什么，它们能做些什么以及它们如何对其他类起作用。

我们将 Card 对象当作真实的扑克牌。在从牌堆向玩家发牌时不对扑克牌对象进行复制。也就是说，Hand 类将拥有一个数据成员，它是 Card 对象指针组成的向量，并且 Card 对象存在于堆中。当扑克牌从一个 Hand 转移到另一个 Hand 时，真正发生的是指针的复制与销毁。

我们将玩家（人类玩家与计算机）当作有名字的 Blackjack 游戏的 Hand。因此，Player 与 House 类都从 Hand 类间接派生而来（另一个同样合理的逻辑是，每个玩家都有 Hand。按照这个思路，Player 与 House 类将包含 Hand 类数据成员，而不是从 Hand 类派生过来）。

定义 GenericPlayer 来存储 Player 与 House 共享的功能，而不是在每个类中重复共享的功能。

同样，将牌堆与庄家分离。牌堆以相同的方式向人类玩家与计算机控制的庄家发牌。也就是说，Deck 有一个发牌的成员函数，该函数是多态的，能作用于 Player 对象或 House 对象。

为了让类的描述更加清晰，可以将类的数据成员与成员函数列出来，并对每个成员加上简要的描述，如表 10.2～表 10.8 所示。每个类只列出定义其中的成员。当然，一些类是从基类继承过来的成员。

表 10.2　Card 类

成 员	描 述
rank m_Rank	牌的大小（A、2、3 等）。rank 是表示所有 13 个等级的枚举类型
suit m_Suit	牌的花色（梅花、方片、红桃与黑桃）。suit 是表示 4 种可能花色的枚举类型
bool m_IsFaceUp	指示扑克牌是否正面朝上。它影响牌的显示以及它的点数
int GetValue()	返回牌的点值
void Flip()	翻牌。调用函数后，正面朝上的牌将朝下，朝下的牌将朝上

表 10.3　Hand 类

成 员	描 述
vector<Card*> m_Cards	扑克牌的集合。它存储 Card 对象的指针
void Add(Card* pCare)	向所持牌中添加一张牌。在向量 m_Cards 中添加一个 Card 指针
void Clear()	清空所有持有的牌。移除 m_Cards 中的所有指针，删除堆中相关的 Card 对象
int GetTotal() const	返回所持牌的点数总和表

表 10.4　GenericPlayer 类（抽象类）

成　员	描　述
string m_Name	玩家的姓名
virtual bool IsHitting() const = 0	指示玩家是否跟牌，是纯虚函数
bool IsBusted() const	指示玩家是否失败
void Bust() const	宣布玩家失败

表 10.5　Player 类

成　员	描　述
virtual bool IsHitting() const	指示人类玩家是否跟牌
void Win() const	宣布人类玩家获胜
void Lose() const	宣布人类玩家失败
void Push() const	宣布人类玩家与庄家打平

表 10.6　House 类

成　员	描　述
virtual bool IsHitting() const	指示庄家是否跟牌
void FlipFirstCard()	翻开第一张牌表

表 10.7　Deck 类

成　员	描　述
void Populate()	生成包含 52 张牌的标准牌堆
void Shuffle()	洗牌
void Deal(Hand& aHand)	发牌
void AdditionalCards (GenericPlayer& aGenericPlayer)	只要玩家跟牌，就向玩家额外发牌

表 10.8　Game 类

成　员	描　述
Deck m_Deck	牌堆
House m_House	赌场，庄家
vector<Player> m_Players	人类玩家的集合，是 Player 对象的向量
void Play()	进行一轮 Blackjack 游戏

10.7.2 规划游戏的逻辑

规划的最后一部分是拟出每轮游戏的基本流程，下面所列为 Game 类中 Play()成员函数的伪代码。

```
Deal players and the house two initial cards
Hide the house's first card
Display players' and house's hands
Deal additional cards to players
Reveal house's first card
Deal additional cards to house
If house is busted
   Everyone who is not busted wins
Otherwise
   For each player
    If player isn't busted
      If player's total is greater than the house's total
        Player wins
      Otherwise if player's total is less than house's total
        Player loses
      Otherwise
        Player pushes
Remove everyone's cards
```

到此为止，我们已经对 Blackjack 程序进行了大量的介绍，但还没有给出一行代码！但这是有好处的，因为规划与编写代码同样重要（甚至更重要）。因为在类的描述上已经花了大量时间，所以我们不对代码的每个部分进行分析，而只会指出重要的或新的概念。从异步社区网站上可以下载到该程序的代码。程序位于 Chapter 10 文件夹中，文件名为 blackjack.cpp。

> **提示**
>
> blackjack.cpp 文件包含了 7 个类。在 C++编程中，经常基于每个类将这样的文件分解为多个文件。然而，使用多个文件编写单个程序的内容超出了本书范围。

10.7.3 Card 类

在一些初始语句之后，程序为扑克牌定义了 Card 类。

```cpp
//Blackjack
//Plays a simple version of the casino game of blackjack; for 1 - 7 players
#include <iostream>
#include <string>
#include <vector>
#include <algorithm>
#include <ctime>
using namespace std;
class Card
{
public:
    enum rank {ACE = 1, TWO, THREE, FOUR, FIVE, SIX, SEVEN, EIGHT, NINE, TEN,
                         JACK, QUEEN, KING};
    enum suit {CLUBS, DIAMONDS, HEARTS, SPADES};
    //overloading << operator so can send Card object to standard output
    friend ostream& operator<<(ostream& os, const Card& aCard);
    Card(rank r = ACE, suit s = SPADES, bool ifu = true);
    //returns the value of a card, 1 - 11
    int GetValue() const;
    //flips a card; if face up, becomes face down and vice versa
    void Flip();
private:
    rank m_Rank;
    suit m_Suit;
    bool m_IsFaceUp;
};
Card::Card(rank r, suit s, bool ifu): m_Rank(r), m_Suit(s), m_IsFaceUp(ifu)
{}
int Card::GetValue() const
{
    //if a card is face down, its value is 0
    int value = 0;
    if (m_IsFaceUp)
    {
        //value is number showing on card
        value = m_Rank;
        //value is 10 for face cards
        if (value > 10)
        {
            value = 10;
        }
    }
    return value;
```

```
}
void Card::Flip()
{
    m_IsFaceUp = !(m_IsFaceUp);
}
```

程序定了两个枚举类型 rank 和 suit，作为该类表示等级与花色的数据成员 m_Rank 与 m_Suit 的类型。这有两个好处。第一，这让代码更具可读性。表示花色的数据成员的值为 CLUBS 或 HEARTS 等，而不是像 0 或 2 这样。第二，这样可以限制这两个数据成员的取值。m_Suit 只能存储 suit 中的值，m_Rank 只能存储 rank 中的值。

接下来，程序使重载的 operator<<() 函数成为该类的友元函数，因此可以用来在屏幕上显示扑克牌对象。GetValue() 返回 Card 对象的值，取值范围是 0～11。A 牌的值为 11（在 Hand 类可能将其计为 1，视手中的其他牌而定）。正面朝下的牌值为 0。

10.7.4 Hand 类

Hand 类定义为扑克牌的集合。

```
class Hand
{
public:
    Hand();
    virtual ~Hand();
    //adds a card to the hand
    void Add(Card* pCard);
    //clears hand of all cards
    void Clear();
    //gets hand total value, intelligently treats aces as 1 or 11
    int GetTotal() const;
protected:
    vector<Card*> m_Cards;
};
Hand::Hand()
{
    m_Cards.reserve(7);
}
Hand::~Hand()
{
    Clear();
}
```

```cpp
void Hand::Add(Card* pCard)
{
    m_Cards.push_back(pCard);
}
void Hand::Clear()
{
    //iterate through vector, freeing all memory on the heap
    vector<Card*>::iterator iter = m_Cards.begin();
    for (iter = m_Cards.begin(); iter != m_Cards.end(); ++iter)
    {
        delete *iter;
        *iter = 0;
    }
    //clear vector of pointers
    m_Cards.clear();
}
int Hand::GetTotal() const
{
    //if no cards in hand, return 0
    if (m_Cards.empty())
    {
        return 0;
    }
    //if a first card has value of 0, then card is face down; return 0
    if (m_Cards[0]->GetValue() == 0)
    {
        return 0;
    }
    //add up card values, treat each ace as 1
    int total = 0;
    vector<Card*>::const_iterator iter;
    for (iter = m_Cards.begin(); iter != m_Cards.end(); ++iter)
    {
        total += (*iter)->GetValue();
    }
    //determine if hand contains an ace
    bool containsAce = false;
    for (iter = m_Cards.begin(); iter != m_Cards.end(); ++iter)
    {
        if ((*iter)->GetValue() == Card::ACE)
        {
            containsAce = true;
        }
```

```
    }
    //if hand contains ace and total is low enough, treat ace as 11
    if (containsAce && total <= 11)
    {
        //add only 10 since we've already added 1 for the ace
        total += 10;
    }
    return total;
}
```

陷阱

> 该类的析构函数是虚函数，但是要注意的是，在类的外部实际定义析构函数时没有使用关键字 virtual，而只是在类定义之中使用了该关键字。不要担心，析构函数仍然是虚函数。

尽管已经介绍过虚函数的用法，但这里还是要指出来。所有的 Card 对象存在于堆中。扑克牌的任何集合，如某个 Hand 对象，将包含一个指针向量，这些指针指向堆中的 Card 对象。

Clear()成员函数的作用很关键。它不仅将向量 m_Cards 中的所有指针移除，还销毁相关的 Card 对象，释放它们在堆中占据的内存。这与现实世界的 Blackjack 游戏一样，在每轮结束后将废牌丢弃。虚析构函数调用 Clear()。

GetTotal()成员函数返回手中所持牌的点数总和。如果手中有一张 A 牌，可以计为 1 或 11，只要对玩家最有利都允许。程序在函数中检查手中是否至少有一张 A 牌。如果有，检查将 A 计为 11 是否让点数总和超出 21。如果没有超出 21，则将 A 计为 11；否则计为 1。

10.7.5 GenericPlayer 类

程序为每个一般的 Blackjack 玩家定义了 GenericPlayer 类。它并不代表一个完整的玩家，而是表示人类玩家与计算机玩家共有的元素。

```
class GenericPlayer : public Hand
{
    friend ostream& operator<<(ostream& os, const GenericPlayer& aGenericPlayer);
public:
    GenericPlayer(const string& name = "");
    virtual ~GenericPlayer();
    //indicates whether or not generic player wants to keep hitting
    virtual bool IsHitting() const = 0;
    //returns whether generic player has busted - has a total greater than 21
```

```
    bool IsBusted() const;
    //announces that the generic player busts
    void Bust() const;
protected:
    string m_Name;
};
GenericPlayer::GenericPlayer(const string& name):
    m_Name(name)
{}
GenericPlayer::~GenericPlayer()
{}
bool GenericPlayer::IsBusted() const
{
    return (GetTotal() > 21);
}
void GenericPlayer::Bust() const
{
    cout << m_Name << " busts.\n";
}
```

程序使重载的 operator<<() 成为 GenericPlayer 的友元函数，因此可以在屏幕上显示 GenericPlayer 对象。该函数接受一个 GenericPlayer 对象的引用，也就是说也可以接受 Player 或 House 对象的引用。

GenericPlayer 的构造函数接受表示一般玩家名称的 string 对象。其析构函数自动成为虚函数，因为它从 Hand 继承了这一特性。

IsHitting() 成员函数指示某个玩家是否要跟牌。因为该成员函数对于不具体的玩家没有意义，所以将其声明为纯虚函数。因此，GenericPlayer 成为抽象类。也就是说，Player 与 House 需要各自实现该成员函数。

IsBusted() 成员函数指示某个玩家是否失败。因为玩家与庄家失败的规则一样，都是点数总和超过 21，所以将该函数定义在 GenericPlayer 类中。

Bust() 成员函数宣布某个玩家失败。因为宣布失败对于玩家与庄家而言是一样的，所以将该成员函数定义在 GenericPlayer 类中。

10.7.6　Player 类

Player 类表示人类玩家，它从 GenericPlayer 派生而来。

```
class Player : public GenericPlayer
{
```

```
public:
    Player(const string& name = "");
    virtual ~Player();
    //returns whether or not the player wants another hit
    virtual bool IsHitting() const;
    //announces that the player wins
    void Win() const;
    //announces that the player loses
    void Lose() const;
    //announces that the player pushes
    void Push() const;
};
Player::Player(const string& name):
    GenericPlayer(name)
{}
Player::~Player()
{}
bool Player::IsHitting() const
{
    cout << m_Name << ", do you want a hit? (Y/N): ";
    char response;
    cin >> response;
    return (response == 'y' || response == 'Y');
}
void Player::Win() const
{
    cout << m_Name << " wins.\n";
}
void Player::Lose() const
{
    cout << m_Name << " loses.\n";
}
void Player::Push() const
{
    cout << m_Name << " pushes.\n";
}
```

Player 类实现了从 GenericPlayer 类中继承而来的 IsHitting()成员函数，因此不是抽象类。实现方式是向玩家询问是否跟牌。如果玩家输入的答案是 y 或 Y，该成员函数返回 true，表示玩家继续跟牌。如果输入的是其他字符，则返回 false，表示玩家不再跟牌。

Win()、Lose()与 Push()成员函数只是分别宣布玩家获胜、失败或者打成平手。

10.7.7 House 类

House 类表示庄家，它从 GenericPlayer 派生而来。

```cpp
class House : public GenericPlayer
{
public:
    House(const string& name = "House");
    virtual ~House();
    //indicates whether house is hitting - will always hit on 16 or less
    virtual bool IsHitting() const;
    //flips over first card
    void FlipFirstCard();
};
House::House(const string& name):
    GenericPlayer(name)
{}
House::~House()
{}
bool House::IsHitting() const
{
    return (GetTotal() <= 16);
}
void House::FlipFirstCard()
{
    if (!(m_Cards.empty()))
    {
        m_Cards[0]->Flip();
    }
    else
    {
        cout << "No card to flip!\n";
    }
}
```

House 类实现了从 GenericPlayer 类继承而来的 IsHitting() 成员函数，因此不是抽象类。实现方法是，调用 GetTotal()，如果返回的点数总和小于或等于 16，则该成员函数返回 true，表示庄家继续跟牌。否则返回 false，表示庄家不再跟牌。

FlipFirstCard() 翻开庄家的第一张牌。程序需要这个成员函数，因为庄家在每轮开始时隐藏了第一张牌，并在所有玩家选择是否跟牌之后将第一张牌翻开。

10.7.8 Deck 类

Deck 类表示牌堆，它从 Hand 派生而来。

```cpp
class Deck : public Hand
{
public:
    Deck();
    virtual ~Deck();
    //create a standard deck of 52 cards
    void Populate();
    //shuffle cards
    void Shuffle();
    //deal one card to a hand
    void Deal(Hand& aHand);
    //give additional cards to a generic player
    void AdditionalCards(GenericPlayer& aGenericPlayer);
};
Deck::Deck()
{
    m_Cards.reserve(52);
    Populate();
}
Deck::~Deck()
{}
void Deck::Populate()
{
    Clear();
    //create standard deck
    for (int s = Card::CLUBS; s <= Card::SPADES; ++s)
    {
        for (int r = Card::ACE; r <= Card::KING; ++r)
        {
            Add(new Card(static_cast<Card::rank>(r), static_cast<Card::suit>(s)));
        }
    }
}
void Deck::Shuffle()
{
    random_shuffle(m_Cards.begin(), m_Cards.end());
}
```

```
void Deck::Deal(Hand& aHand)
{
    if (!m_Cards.empty())
    {
        aHand.Add(m_Cards.back());
        m_Cards.pop_back();
    }
    else
    {
        cout << "Out of cards. Unable to deal.";
    }
}
void Deck::AdditionalCards(GenericPlayer& aGenericPlayer)
{
    cout << endl;
    //continue to deal a card as long as generic player isn't busted and
    //wants another hit
    while ( !(aGenericPlayer.IsBusted()) && aGenericPlayer.IsHitting() )
    {
        Deal(aGenericPlayer);
        cout << aGenericPlayer << endl;
        if (aGenericPlayer.IsBusted())
        {
            aGenericPlayer.Bust();
        }
    }
}
```

提示

类型转换是将某一类型值转换为另一类型值的方法。使用类型转换的一种方式是利用 static_cast。我们可以使用 static_cast 来返回从某个类型值转换过来的新类型的值，新类型用尖括号<>括起来，在它的后面跟上想要转换的值，并用圆括号括起来。如下例所示，它返回 double 型值 5.0:

```
static_cast<double>(5);
```

Populate()创建标准的包含 52 张牌的一副牌。该成员函数循环访问 Card::suit 和 Card::rank 的所有可能组合，并使用 static_cast 将 int 型循环变量转换为恰当的 Card 中定义的枚举类型。

Shuffle()对牌堆中的扑克牌进行洗牌操作。该函数使用标准模板库中的 random_shuffle() 对 m_Cards 中的指针进行随机地重新排序，因此要包含<algorithm>头文件。

  Deal()从牌堆中向玩家手中发一张牌。该函数通过 Add()成员函数向 Hand 对象中添加 m_Cards 末尾处指针的副本，然后移除 m_Cards 末尾处指针。用这种方法可以高效地实现发牌功能。Deal()的强大之处在于，它接受一个 Hand 对象的引用，也就是说它也可以对 Player 或 House 对象起作用。通过对多态的妙用，Deal()无需知晓具体的对象类型便可以调用 Add()成员函数。

  AdditionalCards()向玩家发额外的扑克牌，直到玩家不再跟牌或失败。该成员函数接受一个 GenericPlayer 对象的引用，因此可以给它传递 Player 或 House 对象。同样，通过对多态的妙用，AdditionalCards()无需知晓它是在处理 Player 对象或是 House 对象。函数还能在无需知晓具体对象类型的情况下，调用 IsBusted()和 IsHitting()成员函数，并且能执行正确的代码。

10.7.9　Game 类

Game 类表示 Blackjack 游戏。

```
class Game
{
public:
    Game(const vector<string>& names);
    ~Game();
    //plays the game of blackjack
    void Play();
private:
    Deck m_Deck;
    House m_House;
    vector<Player> m_Players;
};
Game::Game(const vector<string>& names)
{
    //create a vector of players from a vector of names
    vector<string>::const_iterator pName;
    for (pName = names.begin(); pName != names.end(); ++pName)
    {
        m_Players.push_back(Player(*pName));
    }
    //seed the random number generator
    srand(static_cast<unsigned int>(time(0)));
```

```
    m_Deck.Populate();
    m_Deck.Shuffle();
}
Game::~Game()
{}
void Game::Play()
{
    //deal initial 2 cards to everyone
    vector<Player>::iterator pPlayer;
    for (int i = 0; i < 2; ++i)
    {
        for (pPlayer = m_Players.begin(); pPlayer != m_Players.end(); ++pPlayer)
        {
            m_Deck.Deal(*pPlayer);
        }
        m_Deck.Deal(m_House);
    }
    //hide house's first card
    m_House.FlipFirstCard();
    //display everyone's hand
    for (pPlayer = m_Players.begin(); pPlayer != m_Players.end(); ++pPlayer)
    {
        cout << *pPlayer << endl;
    }
cout << m_House << endl;
//deal additional cards to players
for (pPlayer = m_Players.begin(); pPlayer != m_Players.end(); ++pPlayer)
{
    m_Deck.AdditionalCards(*pPlayer);
}
//reveal house's first card
m_House.FlipFirstCard();
cout << endl << m_House;
//deal additional cards to house
m_Deck.AdditionalCards(m_House);
if (m_House.IsBusted())
{
    //everyone still playing wins
    for (pPlayer = m_Players.begin(); pPlayer != m_Players.end(); ++pPlayer)
    {
```

```
            if ( !(pPlayer->IsBusted()) )
            {
                    pPlayer->Win();
            }
        }
    }
    else
    {
        //compare each player still playing to house
        for (pPlayer = m_Players.begin(); pPlayer != m_Players.end(); ++pPlayer)
        {
            if ( !(pPlayer->IsBusted()) )
            {
                if (pPlayer->GetTotal() > m_House.GetTotal())
                {
                    pPlayer->Win();
                }
                else if (pPlayer->GetTotal() < m_House.GetTotal())
                {
                    pPlayer->Lose();
                }
                else
                {
                    pPlayer->Push();
                }
            }
        }
        //remove everyone's cards
        for (pPlayer = m_Players.begin(); pPlayer != m_Players.end(); ++pPlayer)
        {
            pPlayer->Clear();
        }
        m_House.Clear();
    }
```

该类的构造函数接受一个 string 对象向量的引用，该向量表示人类玩家的名称。该构
造函数用每个名称实例化一个 Player 对象，然后为随机数生成器确定种子，最后生成牌堆
并洗牌。

Play()成员函数忠实地实现了之前关于每轮游戏实现方法的伪代码。

10.7.10 main()函数

声明重载函数 operator<<()之后开始编写 main()函数。

```
//function prototypes
ostream& operator<<(ostream& os, const Card& aCard);
ostream& operator<<(ostream& os, const GenericPlayer& aGenericPlayer);
int main()
{
    cout << "\t\tWelcome to Blackjack!\n\n";
    int numPlayers = 0;
    while (numPlayers < 1 || numPlayers > 7)
    {
        cout << "How many players? (1 - 7): ";
        cin >> numPlayers;
    }
    vector<string> names;
    string name;
    for (int i = 0; i < numPlayers; ++i)
    {
        cout << "Enter player name: ";
        cin >> name;
        names.push_back(name);
    }
    cout << endl;
    //the game loop
    Game aGame(names);
    char again = 'y';
    while (again != 'n' && again != 'N')
    {
        aGame.Play();
        cout << "\nDo you want to play again? (Y/N): ";
        cin >> again;
    }
    return 0;
}
```

main()函数获取所有玩家的姓名，并将它们置于一个 string 对象向量中，然后实例化一个 Game 对象，并将向量的引用传递给它。main()函数不断调用 Game 对象的 Play()成员函数，直到玩家表示他们不再想继续游戏。

重载 operator<<()函数

下面的函数定义重载了<<运算符，所以我们可以将 Card 对象发送给标准输出。

```
//overloads << operator so Card object can be sent to cout
ostream& operator<<(ostream& os, const Card& aCard)
{
    const string RANKS[] = {"0", "A", "2", "3", "4", "5", "6", "7", "8", "9",
                            "10", "J", "Q", "K"};
    const string SUITS[] = {"c", "d", "h", "s"};
    if (aCard.m_IsFaceUp)
    {
        os << RANKS[aCard.m_Rank] << SUITS[aCard.m_Suit];
    }
    else
    {
        os << "XX";
    }
    return os;
}
```

该函数使用 Card 对象的大小与花色值作为数组索引号。程序中的数组 RANKS 从"0"
开始，这样可以与 Card 中定义的 rank 枚举类型从 1 开始的情况相兼容。

最后一个函数定义重载了<<运算符，所以我们可以将 GenericPlayer 对象发送给标
准输出。

```
//overloads << operator so a GenericPlayer object can be sent to cout
ostream& operator<<(ostream& os, const GenericPlayer& aGenericPlayer)
{
    os << aGenericPlayer.m_Name << ":\t";
    vector<Card*>::const_iterator pCard;
    if (!aGenericPlayer.m_Cards.empty())
    {
        for (pCard = aGenericPlayer.m_Cards.begin();
            pCard != aGenericPlayer.m_Cards.end();
            ++pCard)
        {
            os << *(*pCard) << "\t";
        }
        if (aGenericPlayer.GetTotal() != 0)
        {
```

```
                cout << "(" << aGenericPlayer.GetTotal() << ")";
            }
        }
        else
        {
            os << "<empty>";
        }
        return os;
    }
```

该函数显示一般玩家的姓名与手中扑克牌及牌的点数总和。

10.8 本章小结

本章介绍了以下概念：

■ OOP 中的一个重要概念是继承，它允许程序员从已有类派生出新类。新类自动继
  承已有类的数据成员与成员函数。

■ 派生类不会继承构造函数、拷贝构造函数、析构函数或其他重载的赋值运算符。

■ 在实例化派生类对象时，基类构造函数在派生类构造函数调用之前自动调用。

■ 在销毁派生类对象时，基类析构函数在派生类析构函数调用之后自动调用。

■ 保护成员只能在本类与某些派生类（视派生的访问级别而定）中访问。

■ 使用公有派生是指，在派生类中，基类的公有成员还是公有成员，保护成员还是
  保护成员，私有成员则与以往一样无法访问。

■ 可以在派生类中重写基类的成员函数，对其重新定义。

■ 可以从派生类中显式地调用基类的成员函数。

■ 可以从派生类的构造函数显式地调用基类的构造函数。

■ 多态是指成员函数产生的结果依照调用它的对象类型的不同而不同的特性。

■ 虚函数可以产生多态行为。

■ 一旦成员函数被定义为虚函数，那么它在任何派生类中都是虚函数。

■ 纯虚函数是指无需给出定义的函数。指定纯虚函数的方法是在函数的头部之后添
  加等于符号和数字 0。

■ 抽象类至少有一个纯虚成员函数。

■ 抽象类无法用于实例化一个对象。

10.9　问与答

问：继承可以有多少层？

答：理论上而言，可以有任意多层。但如果是编程初学者，应当尽量简化，不要使用太多层继承。

问：友元关系能继承吗？也就是说，如果某个函数是基类的友元，那么它能自动成为派生类的友元吗？

答：不能。

问：类可以有不止一个直接基类吗？

答：是的。这称为多重继承。多重继承很强大，但也有一些其固有的棘手问题。

问：为什么希望从派生类的构造函数中调用基类的构造函数？

答：这样可以控制基类构造函数的调用方式。例如，可能需要给基类的构造函数传递特定的值。

问：重写基类函数会有危险吗？

答：是的。重写基类的成员函数会隐藏基类中该函数所有的重载版本。然而，仍然可以通过基类名称与作用域解析运算符来显式地调用隐藏的基类成员函数。

问：如何解决这一基类函数被隐藏的问题？

答：一种方法是重写基类函数的所有重载版本。

问：为什么通常要在派生类的赋值运算符成员函数中调用基类的赋值运算符成员函数？

答：这样可以使基类的数据成员被正确地赋值。

问：为什么通常要在派生类的拷贝构造函数中调用基类的拷贝构造函数？

答：这样可以使基类的数据成员被正确地复制。

问：为什么用基类的指针调用某个对象的成员函数时，会失去该成员函数的访问权？

答：因为非虚函数是基于指针类型与对象类型进行调用的。

问：为什么不将所有的成员函数声明为虚函数，以便为将来需要它们具有多态行为的情况做准备？

答：因为将成员函数声明为虚函数存在性能损失。

问：那么何时应当将成员函数声明为虚函数？

答：当它们可能从基类中继承过来时，就声明为虚函数。

问：何时应当将析构函数声明为虚函数？

答：如果类中有虚成员函数，那么也应当将析构函数声明为虚函数。然而，有些程序员认为，为了安全起见，总是应当将析构函数声明为虚函数。

问：构造函数可以是虚函数吗？

答：不可以。这意味着拷贝构造函数也不能被声明为虚函数。

问：在 OOP 中，什么是切片？

答：切片是指将对象的一部分分割出来。将派生类的对象赋值给一个基类变量是合法的，但是这样对对象进行了切片操作，会导致失去派生类中声明的数据成员与成员函数的访问权。

问：既然无法从抽象类实例化任何对象，那么它们有什么好处？

答：抽象类非常有用。它们能包含其他类将要继承的许多公共类成员，这样可以防止程序员重复地定义这些成员。

10.10 问题讨论

1. 继承给游戏编程带来什么好处？
2. 多态如何扩展继承的功能？
3. 何种游戏实体应当通过继承来建模？
4. 何种与游戏有关的类最好实现为抽象类？
5. 能用基类指针指向派生类的对象有什么好处？

10.11 习题

1. 添加一个从 Boss 类派生而来的新类 FinalBoss 来改进 Simple Boss 2.0 程序。新类应当定义一个新的方法 MegaAttack()，它造成 10 倍于 SpecialAttack()方法所造成的伤害。

2. 改进 Blackjack 游戏程序，如果剩下的牌不多，强制牌堆在新一轮开始之前生成新的扑克牌。

3. 添加一个从 Orc 类派生而来的新类 OrcBoss 来改进 Abstract Creature 程序。OrcBoss 对象的 health 数据成员应当从 180 开始。另外，重写虚成员函数 Greet()，让它显示 The orc boss growls hello.。

附录 A
创建第一个 C++程序

使用 Windows 平台下流行且免费的 IDE（Integrated Development Environment，集成开发环境），Microsoft 的 Visual Studio Express 2013 for Windows Desktop，照下面的步骤编写、保存、编译并运行第一个 C++程序。

1. 从 www.visualstudio.com/downloads/download-visuSal-studio-vs 下载 Visual Studio Express 2013 for Windows Desktop。

2. 安装 Visual Studio Express 2013 for Windows Desktop，接受默认选项。

3. 启动 Visual Studio Express 2013 for Windows Desktop，会看到一个欢迎对话框，如图 A.1 所示。

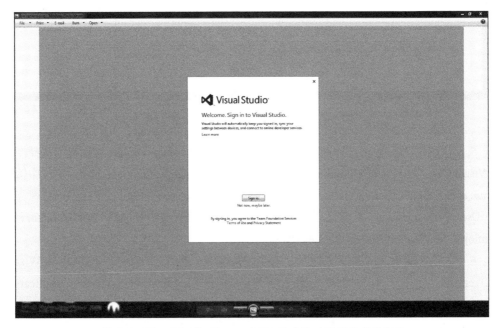

图 A.1　Visual Studio Express 2013 的欢迎对话框要求你登录

提示

确保下载的是 Visual Studio Express 2013 for Windows Desktop，而不是 Visual Studio Express 2013 for Windows，这是两个不同的产品。

4. 创建一个 profile 并登录。打开程序，会看到开始页面，如图 A.2 所示。

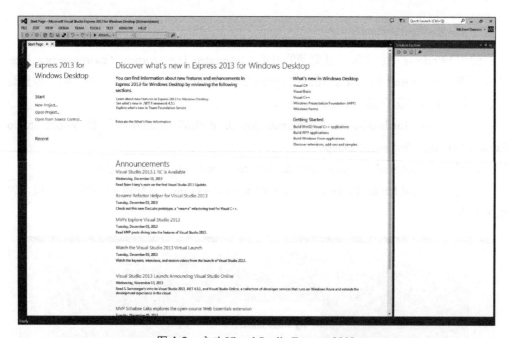

图 A.2　*启动* Visual Studio Express 2013

5. 从应用程序菜单中选择 File | New Project。在弹出的 New Project 对话框中选择左侧的 Visual C++。在对话框中间部分，选择 Win32 Console Application。在 Name 字段中输入 **game_over**，在 Location 字段中，单击 Browse 按钮选择项目保存的位置（我把项目保存到 "C:\Users\Mike\Desktop\"）。最后但仍然很重要的是，要确保选中复选框 Create directory for solution。New Project 对话框如图 A.3 所示。

6. 填写 New Project 对话框之后，单击 OK 按钮，将弹出 Win32 Application Wizard – Overview 对话框。单击 Next 按钮，将弹出 Win32 Application Wizard – Application Settings 对话框。在 Additional options 中，选中复选框 Empty project。现在屏幕应当如图 A.4 所示。

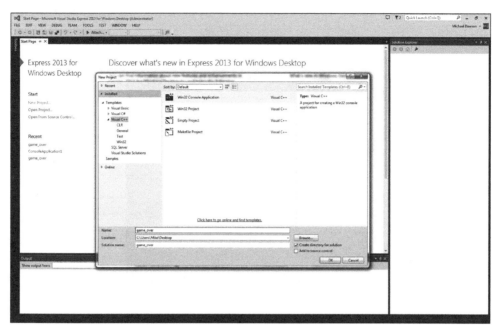

图 A.3　填写好的 New Project 对话框

图 A.4　在 Win32 Application Wizard – Application Settings 中定义了一个空项目

7. 在 Win32 Application Wizard – Application Settings 对话框中，单击 Finish 按钮，将为项目创建并打开一个新的解决方案，如图 A.5 所示。

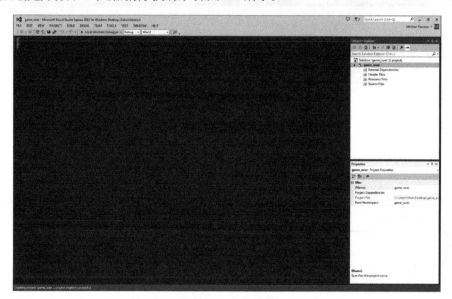

图 A.5　新创建的项目

提示

如果没有显示 Solution Explorer，可从应用程序菜单中选择 View | Solution Explorer。

8. 在 Solution Explorer 中，鼠标右键单击 Source Files 文件夹，从弹出的菜单中选择 Add | New Item。在弹出的 Add New Item 对话框中，选择 File (.cpp)，然后在 Name 字段中输入 **game_over.cpp**。完成后的 Add New Item 对话框如图 A.6 所示。

9. 在 Add New Item 对话框中，单击 Add 按钮，将出现一个名为 game_over.cpp 的空 C++文件，处于等待编辑的状态。在该文件中，输入以下代码：

```
// Game Over
// A first C++ program
#include <iostream>
int main()
{
        std::cout << "Game Over!" << std::endl;
        return 0;
}
```

此时屏幕应如图 A.7 所示。

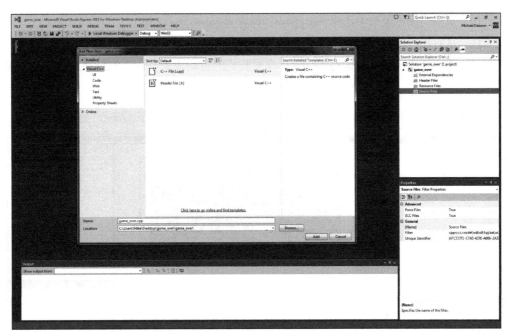

图 A.6 填写好的 Add New Item 对话框

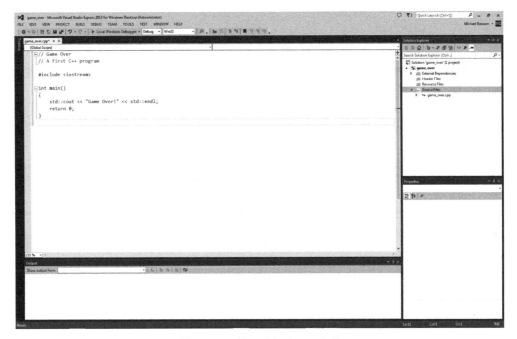

图 A.7 编辑好的新的 C++文件

10. 从应用程序菜单中选择 File | Save，保存为 game_over.cpp。

11. 从应用程序菜单中选择 Build | Build Solution。

12. 按快捷键 Ctrl+F5 运行该项目，享受我们的劳动成果。程序的结果应当如图 A.8 所示。

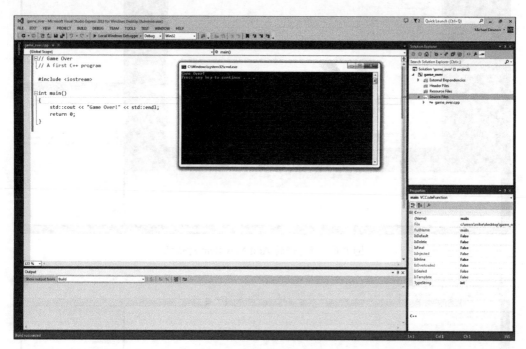

图 A.8　程序运行起来了

恭喜！您已经编写、保存、编译并运行了第一个 C++程序。

提示

关于 Microsoft Visual Studio Express 2013 for Windows Desktop 的详细信息，请参见其文档。

附录 B
运算符优先级

C++运算符优先级

优 先 级	运 算 符	描 述
17	::	作用域解析
16	->	间接成员选择
16	.	成员选择
16	[ ]	数组索引
16	( )	函数调用
16	( )	类型构建
16	sizeof	字节单位的大小
15	++	后置自增
15	− −	后置自减
15	~	位 NOT
15	!	逻辑 NOT
15	+	一元加
15	−	一元减
15	*	解引用
15	&	取址
15	( )	强制转型
15	new	获取堆上的内存
15	delete	释放堆上的内存
15	++	前置自增
15	− −	前置自减
14	->*	间接成员指针选择器
14	.*	成员指针选择器

续表▶▶

优 先 级	运 算 符	描 述
13	*	乘法
13	/	除法
13	%	模除
12	+	加法
12	−	减法
11	<<	向左位移
11	>>	向右位移
10	<	小于
10	<=	小于或等于
10	>	大于
10	>=	大于或等于
9	==	等于
9	!=	不等于
8	&	位 AND
7	^	位 XOR
6	|	位 OR
5	&&	逻辑 AND
4	||	逻辑 OR
3	?:	条件运算符
2	=	赋值
2	*=	乘法并赋值
2	/=	除法并赋值
2	%=	模除并赋值
2	+=	加法并赋值
2	−=	减法并赋值
2	<<=	向左位移并赋值
2	>>=	向右位移并赋值
2	&=	位 AND 并赋值
2	|=	位 OR 并赋值
2	^=	位 XOR 并赋值
1	,	逗号运算符

本附录给出 C++ 关键字列表。

alignas	alignof	and
and_eq	asm	auto
bitand	bitor	bool
break	case	catch
char	char16_t	char32_t
class	compl	const
constexpr	const_cast	continue
decltype	default	delete
do	double	dynamic_cast
else	enum	explicit
export	extern	false
float	for	friend
goto	if	inline
int	long	mutable
namespace	new	noexcept
not	not_eq	nullptr
operator	or	or_eq
private	protected	public
register	reinterpret_cast	return
short	signed	sizeof
static	static_assert	static_cast
struct	switch	template
this	thread_local	throw

true	try	typedef
typeid	typename	union
unsigned	using	virtual
void	volatile	wchar_t
while	xor	xor_eq

ASCII 字符表

二 进 制	十六进制	字　符	二 进 制	十六进制	字　符
0	00	NUL	28	1C	FS
1	01	SOH	29	1D	GS
2	02	STX	30	1E	RS
3	03	ETX	31	1F	US
4	04	EOT	32	20	SP
5	05	ENQ	33	21	!
6	06	ACK	34	22	"
7	07	BEL	35	23	#
8	08	BS	36	24	$
9	09	HT	37	25	%
10	0A	LF	38	26	&
11	0B	VT	39	27	'
12	0C	FF	40	28	(
13	0D	CR	41	29	)
14	0E	SO	42	2A	*
15	0F	SI	43	2B	+
16	10	DLE	44	2C	,
17	11	DC1	45	2D	–
18	12	DC2	46	2E	.
19	13	DC3	47	2F	/
20	14	DC4	48	30	0
21	15	NAK	49	31	1
22	16	SYM	50	32	2
23	17	ETB	51	33	3
24	18	CAN	52	34	4
25	19	EM	53	35	5
26	1A	SUB	54	36	6
27	1B	ESC			

续表▶▶

二 进 制	十六进制	字 符	二 进 制	十六进制	字 符
55	37	7	91	5B	[
56	38	8	92	5C	\
57	39	9	93	5D	]
58	3A	:	94	5E	^
59	3B	;	95	5F	_
60	3C	<	96	60	`
61	3D	=	97	61	a
62	3E	>	98	62	b
63	3F	?	99	63	c
64	40	@	100	64	d
65	41	A	101	65	e
66	42	B	102	66	f
67	43	C	103	67	g
68	44	D	104	68	h
69	45	E	105	69	i
70	46	F	106	6A	j
71	47	G	107	6B	k
72	48	H	108	6C	l
73	49	I	109	6D	m
74	4A	J	110	6E	n
75	4B	K	111	6F	o
76	4C	L	112	70	p
77	4D	M	113	71	q
78	4E	N	114	72	r
79	4F	O	115	73	s
80	50	P	116	74	t
81	51	Q	117	75	u
82	52	R	118	76	v
83	53	S	119	77	w
84	54	T	120	78	x
85	55	U	121	79	y
86	56	V	122	7A	z
87	57	W	123	7B	{
88	58	X	124	7C	|
89	59	Y	125	7D	}
90	5A	Z	126	7E	~
			127	7F	DEL

附录 E
转义序列

转 义 序 列	描　　述
\'	单引号
\"	双引号
\\	反斜线
\0	空字符
\a	系统报警声
\b	退格符
\f	换页符
\n	换行符
\r	回车符
\t	水平制表符
\v	垂直制表符
\x	十六进制